U0886882

智元微库
OPEN MIND

成长也是一种美好

认知驱动

|精装版|

做成一件对他人很有用的事

周岭 著

人民邮电出版社
北京

图书在版编目（CIP）数据

认知驱动 ：做成一件对他人很有用的事 / 周岭著 . 北京 ：人民邮电出版社，2025. -- ISBN 978-7-115-67170-7

Ⅰ. B848.4-49

中国国家版本馆 CIP 数据核字第 2025TV8560 号

◆ 著　周　岭
　责任编辑　陈素然
　责任印制　周昇亮

◆ 人民邮电出版社出版发行　　北京市丰台区成寿寺路 11 号
　邮编 100164　　电子邮件 315@ptpress.com.cn
　网址 https://www.ptpress.com.cn
　鑫艺佳利（天津）印刷有限公司印刷

◆ 开本：880×1230　1/32
　印张：8　　2025 年 7 月第 1 版
　字数：200 千字　　2025 年 7 月天津第 1 次印刷

定　价：69.80 元

读者服务热线：（010）67630125　印装质量热线：（010）81055316

反盗版热线：（010）81055315

送给我的女儿

周子琪

前言

为什么我们很努力却总是看不到希望

这几乎是我遇到的最多的读者提问。

读者：为什么自己一直很努力，却总是看不到希望？

我问：你是怎么努力的？

读者：一年前，我下决心改变自己。此后，我开始每天早起，每周至少跑三次步、读一本书，订阅了三个学习专栏，报了很多网络课，重新开始学英语……每天都被安排得满满的。刚开始，我确实感觉自己变化很大，但越往后越看不到希望……

我问：那你有什么产出吗？

此时读者沉默了。

这是一个追求学习的时代，同时也是一个充满焦虑的时代。

如果不出意外，我相信你的改变之路也是这样开始的：看到身边的人都在进步，终有一天，你开始痛恨那个懒散的、不思进取的、无所作为的自己，于是你下定决心开始改变；从早起、读书、跑步到各种课程的学习，你坚信只要严格自律、勤奋耐心、持续学习，就一定能够改变人生，然而，这条看上去无比清晰的成长路线并没有让你得到想要的结果，虽然自己做的每件事看上去都正确且重要，虽然自己每天都能持续行动，不浪费一点儿时间，但就是看不到希望。

很多人，包括我自己都经历过这种煎熬。如果你也面临这种困境（这种困境几乎是人生中不可避免的），那不妨随我一起改变对它的认知，因为这背后隐藏着一个看不见的成长陷阱。相信我，一旦我们看清这个陷阱，就有可能省去数年的摸索时间，让自己真正远离沮丧和绝望，靠近幸福与成就。不过在开始之前，我们需要先认识一下“内向成长”和“外向成长”这两个概念。

- **内向成长，即围绕自身展开的成长活动**，比如早起、跑步、阅读等。
- **外向成长，即围绕外界展开的成长活动**，比如写作、画画、编程等。

为了更好地理解，我们不妨把内向成长看作培养习惯，把外向成长看作打造技能。换成这个说法后，你可能马上就明白问题的症结所在了：我们过度专注于内向成长而忽视了外向成长，即重习惯轻技能，重输入轻输出。

不是吗?

我们每天早起、跑步、读书、学习，身体和心灵都在路上，忙碌到感动自己，然而这些活动都是内部循环，不直接对外产出，所以坚持这些习惯只能让我们成为更好的人，而不会让我们轻易成为很厉害的人。反之，如果我们能更多地投入外向成长，培养过硬的技能，持续对外产出作品或价值，我们就能参与社会价值体系的循环，就能被他人强烈地需要，从而感受到努力的希望。

可现实情况往往是这样的：

- 我们一直在读书，却很少去实践或把心得写出来、形成有价值的文章让别人受益，更别说不断打磨自己的原创作品了；
- 我们一直在练琴，却很少能用完整、熟练的曲子在别人面前表演，更别说打造自己的风格和特色了；
- 我们一直在学画，却很少用作品去创造、去展示，更别说收获粉丝的欣赏和点赞了……

正是这一点点观念上的差异使很多人停滞不前。其实不只是你，几乎所有人一开始都是这样的：**享受努力奋斗的状态，却少有产出作品的意识**。不信的话，你可以点开朋友圈，那些努力和奋斗的状态一定随处可见，而持续发布有价值的作品的人却寥寥无几。

可见，这是一个普遍问题。而一个问题越普遍，我们就越应该感到高兴，因为一旦我们克服了它，便意味着可以领先一大批人，所以我们应该继续追问这个普遍问题背后的底层原因：为什么人们天生喜欢内向成长而回避外向成长呢？

答案很简单：培养习惯容易，打造技能难嘛！

说培养习惯容易，是因为它不需要严格的标准——可高可低、可紧可松，所以你可以锻炼一天，也可以锻炼一年，或者坚持锻炼一辈子。这种成长就像一场不用考试的学习，好坏不打紧，只要自己认可就行。**说打造技能难，是因为它的好坏全由外界评定——行就是行，不行就是不行**，所以无论你怎么努力、怎么投入、怎么感动自己都没用，最终要看的，是你能否给他人提供长久且有用的价值。而急于求成和避难趋易是我们人类的天性，在缺乏觉知的情况下，我们会不自觉地选择容易的模式。

有了上述认知，我们就可以主动做出新的选择：**重技能辅习惯，重输出辅输入**。当然，这里说的“重技能”“重输出”需要尽可能达到“卓越”，而不仅仅是“会了”的程度，因为自娱自乐式的练习不能算作真正的技能，真正的技能必须能对外输出价值，能被他人认可或需要。**如果暂时做不到，也要争取每次在当前能力范围内做到最好，形成一个最小可用的作品或产品**。

比如你要读书，那就在读完后亲自去实践，并把心得写出来，形成自己的观点分享给他人。这也是产出，比那些只读不想、不写、不做的人要强太多。你要练琴，那就练出点名堂来。如果暂时做不到，那就先努力在不看谱的情况下非常熟练地弹奏几首曲子，以便在各种场合临场演奏。这也是产出，比那些只练不演的人要强太多。你要画画，那就用画笔去绘制作品分享出去。如果暂时做不到，那就画和朋友们相关的东西并送给他们，他们肯定会喜欢你的作品并为你点赞，这比那些自娱自乐的练习要强太多。

总之，打造技能必须有产出，即使刚开始不完美，只要持续打磨，你的产出也会变得越来越精细。就拿我自己来说，起初我也是只读不写、没有任何产出的，结果就是读完书什么也记不住，看不到自己进步的轨迹，也无法形成自己的认知体系，更无法收获读者的喜爱、提升个人影响力。但自从明白了这个道理，我对打磨写作技能这件事就再也没有敷衍过。如今，我已深深感受到创造价值带来的改变和收获，它们不仅体现在认知、选择和行动上，也体现在成果、收入和个人影响力上。

当然，这种打磨过程必然会更加“艰辛和痛苦”。有时为了写好一个话题，我要查阅很多资料，要反复推敲一段话的表述；有时一两个小时过去了，我还没有任何进展，甚至写了一天却要推倒重来……每次都这样死磕，直到形成自己满意的原创作品。比起那些只读不写的“纯学习”，这不知要“艰辛”多少倍，但这一切都是值得的，因为它让我看到了努力的希望！

回过头来说，培养习惯并非不重要。虽然它不直接产出，但它是支撑技能发展和自我实现的重要基石。如果你持续实践“价值产出”这条路就一定会发现：**在技能卓越的情况下，那些良好的习惯才会大放异彩！**

以上是本书的引子。

在本书中，我将通过做成一件事的心法和技法与你一起探索创造个人价值的路径，助力你主动做成一件对他人很有用的事，以此获得人生的成就感、幸福感和意义感。当然，**本书所说的“成事”并非指一定要创造丰功伟绩，更多的是指养成一个习惯或练就一项技能这样的小事**。在本书的第六章，你会看到它的具体定义。

另外，在开始之前，我还要强烈建议你先去读《认知觉醒》这本书，因为**《认知驱动》是《认知觉醒》的姐妹篇，它们虽然各自成书，但内容是紧密相连，甚至可以说是一体的**，所以这本书会沿用《认知觉醒》中的一些基础概念，诸如本能脑、情绪脑、理智脑、避难趋易、急于求成、舒适区边缘、反馈、关联等（为方便辨识，本书会用蓝色字体标示出《认知觉醒》中引用的概念，相信你一眼就能看出）。这些都是极好的概念，如果你有所了解，一定会受益匪浅；如果你缺少这些背景知识，可能会对理解本书有一定影响。当然，你也可以在我的公众号“清脑”中获取更多信息。

《认知觉醒》是我的第一本书。2020 年 9 月新书上市时，我还只是一个写作刚满 3 年的新作者，在业内没什么名气，所以对新书的销量并无预期。谁知新书出版后颇受读者欢迎，11 个月内加印 15 次，销量突破 15 万册，如今这些数字还在持续增长中。与此同时，我也收到了大量的读者反馈，诸如“感觉这本书就是为我写的”“此书于我，如同再造之恩”等。在各大读书平台，本书的口碑和评分也使我深受鼓舞。

这些成果让我既惊又喜，但说这些并非自我夸耀，因为其中必然有一些看不到的运气存在。不过，好运的光临也需要价值的吸引，所以《认知觉醒》这本书的价值确定无疑，它值得一读，同时它也间接证实了走“价值产出”这条成长之路的正确性和可行性。

如果你是《认知觉醒》的老朋友，那你一定知道下一个翻书的动作就是我们的握手礼了。如果你是新朋友，那请允许我向你发出正式的邀请：“很高兴认识你，我是周岭，让我们共同踏上创造之旅吧！”

目录

上篇

做成一件事的心法

下篇

做成一件事的技法

上篇

做成一件事的心法

第一章

价值——改变自己的关键是创造价值

第一节

复制：不要浪费生命给你的无限可能

36 亿年前，地球出现生命。

20 世纪 40 年代，第一台计算机诞生。

今天，人工智能已经走进我们的生活。

从某个角度来看，人类社会正由碳基文明向硅基文明跨越。

在漫长的碳基生命进化中，无论是单细胞生物还是有机生物体，生命若想得以延续，就必须不断复制自己——细胞分裂，旧细胞死亡，新细胞复制原有生物信息继续履行使命。巧的是，硅基生命得以存活的基本能力也是复制——人们每一次启动系统、打开软件、点开链接，本质上都是数据复制的过程，要么从硬盘加载到内存，要么从网络下载到终端（见图 1-1）。

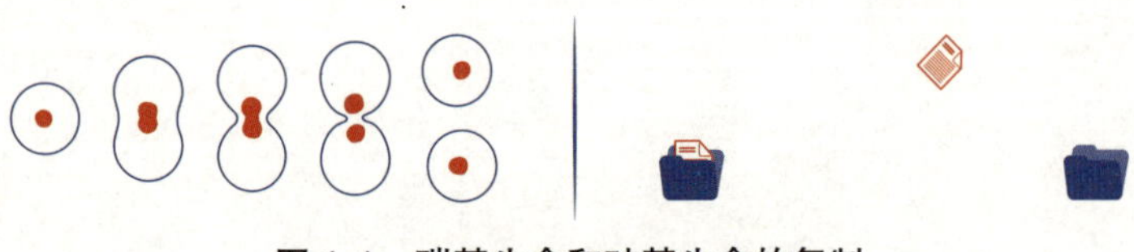

图 1-1　碳基生命和硅基生命的复制

若是没有复制，生命和信息都将失去活力，只能像水那样，要么凝固成冰，要么蒸发为水汽，从一种形态转换成另一种形态。

事实上，“复制”和“转换”就是大自然的两种基本存在形式，但“复制”的层级显然比“转换”要高，因为它赋予物种以灵性，并繁衍出不可思议的社会和文明。那么，这两种基本形式对我们个体成长又有什么启示呢？

看到不同的世界

人生的差异往往源于人们看待生活的不同视角。当你掌握了“复制”和“转换”这两个底层概念时，或许会看到一个不同的世界。

比如，大家都知道梅兰芳是著名的京剧表演艺术家，但在中国京剧史上，他的艺术造诣未必是最高的，那为什么最被世人熟知的却是他呢？因为 20 世纪 30 年代留声机刚好开始普及，梅兰芳的声音得以被录制成唱片并复制流传到民间。而此前，再有名气的京剧大师也只能在有限的剧场里表演。

在更早之前，人们谋生的手段几乎只能采用“转换”的形式，裁缝做衣服、小贩卖烧饼、铁匠造农具……无一不是将自己有限的体力或时间转换为生活资料，然后再参与交换，做多少，是多少。只有为数不多的人，比如私塾先生、杂耍艺人，才能同时面对多人，花费一份时间，收获多份回报。

时至今日，这条规律依旧适用。外卖小哥、货车司机、酒店大厨、公司白领……绝大多数人都在通过出售自己的时间来换取有限的收入。从这个角度看，公司经理和清洁工人这两个职业在性质上是一样的——虽然收入差距较大，但本质上都是在用自己的时间和技能换取相应的收益，做多少，是多少，哪天不做了，收益也就消失了。

而另一些职业的底层逻辑却与之完全不同。比如企业家、作家、发明家、程序员、歌手、演员等，从事这类职业的人有机会通过雇用他人或借助机器的力量对有价值的商品进行大量复制并销售出去，或将自己创造的优秀作品通过社交媒体平台（网络）无限地复制并传播出去，从而带来不可估量的收益。

J. K. 罗琳写了《哈利 · 波特》，周杰伦创作了诸多华语金曲，他们的作品时刻都在被复制、产生收益。流行天王迈克尔 · 杰克逊虽然已经去世，但他作品的版权收入依旧可以惠及家人。虽然这些名人的案例不具普遍性，但这种强烈对比有助于我们看清表象背后的本质，让自己对这个世界多一分理解。

“复制”可以带来无限可能

“转换”和“复制”的最大区别在于边际成本不同——“转换”的边际成本越来越高，“复制”的边际成本越来越低。如果你不懂“边际成本”这个经济学术语也没有关系，看两个例子就会明白。

比如，厨师就是“转换”类职业，他想得到更多收益就必须做更多菜，或进一步提高做菜的水平。换句话说，他必须投入更多的时间和精力才能得到更高的收入，一旦投入减少，收益就会下降。而作家是“复制”类职业，他在写出一篇高质量的文章之后便可以安心睡觉去了，而这篇文章在他睡觉的时候也会被复制、传播、赞赏。只要它有长久价值，那么即使今天没有产生收益，明天、后天也可能产生，甚至五年、十年后仍能产生收益，长期收益无法估量。

这种带有“复制”属性的生产活动，几乎做到了“一劳永逸”，因为它们只需要一次投入，随着时间的推移，其成本微乎其微，而收益则源源不断（见图 1-2）。就像周杰伦早期创作了很多经典歌曲，即使他今后不再创作新的歌曲，其作品的收听和购买总量也会随着时间的推移而增长。

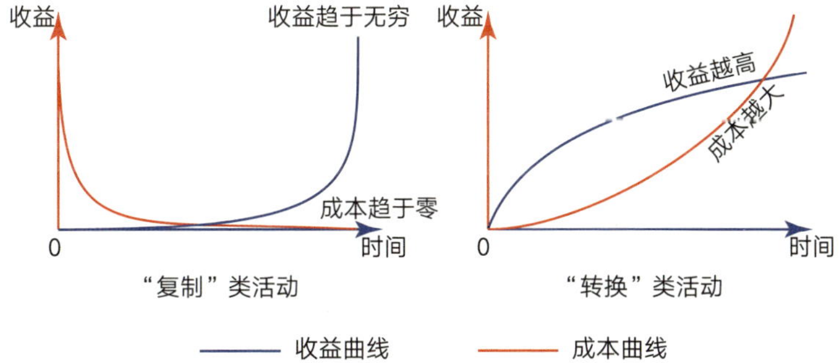

图 1-2 “复制”类活动与“转换”类活动的边际成本和收益趋势

这就带来一种可能：终有一天，我们可以不再出售自己的时间就能获得收益，从而实现财富自由或人生自由，彻底解放自己。

所以，一个有追求的大厨可能会这样做：①持续研发新的特色菜品，并凭借自己的“秘密配方”技术入股餐饮企业，允许连锁酒店复制自己的技术，享受股份分红，此后即使不亲自做菜也能产生足够多的收益；②制作易懂的特色做菜教程，将其发布到网上，供需要学习的人免费或付费观看，这样就可以在现有基础上产生更多的收益，如果个人品牌打造顺利，这份收益可能会超过自己做菜的收益，此时便意味着自己实现了初步的人生自由。

若再仔细观察，我们不难发现“复制”类活动的收益曲线和复利曲线非常一致（见图 1-3）——**前期增长缓慢，但只要持续积累价值，收益就能在到达拐点后飞速增长**。

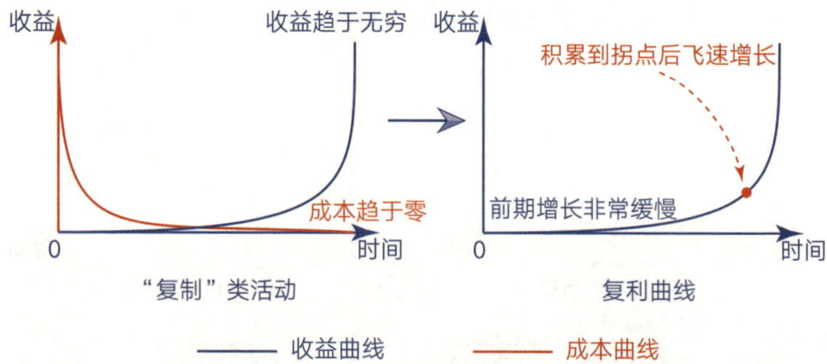

图 1-3 “复制”类活动的收益曲线和复利曲线

这就是我选择写作的原因之一（最主要的原因是想让自己

头脑清晰，脱离混沌）：这种非线性增长的“复制”力量，可以让自己的人生产生无限可能。如果你也想开始写作，其实有这么一条理由就够了。

获得无限可能的关键在于价值

人类科技的发展，本质上都是对自身能力的提升。

飞机、高铁让人走得更快；雷达、望远镜让人看得更远；手机、电话让人听得更清；计算机让大脑转得更快；而互联网则让人的“复制”能力得到极大的扩展。

如今，虽然不是人人都有雇用他人（机器）进行产品复制的机会，但每个人都有创造并复制自己作品的机会——只要敲击键盘写文章，打开手机拍视频，谁都可以发布自己的作品。

然而，并非所有的“复制”类活动都具有无限可能，因为**“复制”只是一种渠道，获得无限可能的关键依旧在于价值**。如果我们生产的作品是肤浅的、低价值的、博人眼球的，那它们可能会在短时间内爆发一下，但必定无法长久流传。这也是为什么网络时代出现了信息爆炸而没有出现知识爆炸，因为真正有价值的内容依旧稀缺，所以**要想获得无限可能，“复制”和“价值”缺一不可，而且价值越高，可能性越大**。如果你对自己的人生有追求，那就应该激励自己去创造“可复制的价值”。

当然，现实生活中我们每个人一开始都只能通过“转换”类技能来维持自己的生活，但若你的眼光足够长远，就应该尽早储备并打磨一项“复制”类技能，让自己逐渐摆脱生活的引力，获得人生自由。

在这个幸运的时代，只要你愿意，随时可以踏上“复制”之旅，但请一定坚守价值并保持耐心，因为机会终将属于那些“看得清且做得到”的人。

每个人都有机会，不要浪费生命给你的无限可能！

第二节

价值：用价值规律看问题，你的人生会发生巨变

2017 年 7 月，我从零开始公开写作；2020 年 9 月，我出版了自己的第一本书《认知觉醒》。这对我这样一个没有特别天赋、特殊资源和巧妙捷径的普通人来说，算是一个可喜的里程碑了。[①] 在不到三年的时间里，写作确实给我带来了巨大的变化，不夸张地说，我在这期间的成长提升不亚于前三十几年的总和。

然而，有一个问题却一直萦绕在我的心头：这世上投身写作的人那么多，为什么最终获得一定影响力的只是少数呢？回想当初和我一起练习写作的伙伴们，大多数人早已放弃，少部分人虽然还在坚持但始终反响平平，这背后的原因又是什么呢？我想，除了运气，还有一个不可忽视的因素，那就是**价值**。

“价值”这两个字值得每一个人思考并牢记，因为当我们把写作替换成任何自己想做成的事情时，这个道理同样成立。所

① 请允许我用自己的经历开始本节的讲述。这样做只是希望用自己的实践证明价值理念的正确性，并无自夸之意，为避免误解，特此说明。

以如果我们能把“价值”这个概念彻底想清楚，就有可能让自己的人生发生巨变。为了实现这一目标，现在我就以写作为例，向你阐释这条人人都可以借鉴的成长之道。

我能得到这个重要的启示归功于两次好运。

改变自己的关键是创造价值

第一次好运发生在2016年5月，那时我初读了李笑来的《把时间当作朋友》，其中的“交换才是硬道理”这一节触动了我，它让我联想起以前在课本中学过的“价值规律”，即商品生产好之后要以**价值量**为基础实行**等价交换**。看着这个耳熟能详的价值规律，我突然灵光一闪，悟到一个关键认知：**改变自己的关键是创造价值**。

这个结论不难理解：因为**只有当自身创造的价值足够大时，我们才能被别人强烈需要，才能参与到更大的社会交换中去，并得到对方对等的回馈**。想想看，如果你什么都不是、什么都不会、什么都没有，人家凭什么关注你、支持你、为你主动调用社会资源呢？所以成长的目的就是创造价值，在帮助他人的过程中成就自己，而且你创造的价值必须是长久的，因为越长久，价值就越大。

这个道理放在写作上也是一样的。我们必须想办法创作有长久价值的文章，创造对自己和他人长久有用的思考，摒弃一切不具备长久价值的内容。于是我自然选择了这样的策略：力求每篇文章都深入底层、不碰热点、不说个人碎碎念，砍掉浮夸的表情、无意义的插图及一切与主题无关的东西；同时力求每篇文章都能解决一个实际问题或改变一个观念，而不是让人情绪高涨一下之后就归于沉寂了。

更重要的是，每次提笔时我都要问自己这样一个问题：**这篇文章在三年、五年甚至十年后再看还有价值吗？如果没有，那就没必要写了。**

仅这一问，就能消除一切浮躁的动机。

事实上，生活中的每一个选择都可以用“三五年后还能产生影响”这个标准来衡量。比如，面对滚滚的信息洪流，我们就可以用它来约束自己的注意力：一篇公众号文章、一本书或一部电视剧三五年后是否仍对自己有积极正面的影响？如果有，就值得花时间去看；如果没有，就可以考虑舍弃，不管它们看起来多么有道理、多么有趣。

事实证明这个选择是对的。如果我的文章没有长久价值，它们就不会得到“人民日报”官方微博的转载，也就不会吸引读者来咨询和求助，自然也不会有现在这本书。我能从零突围，不是因为写博人眼球的标题，也不是因为蹭新闻热点的流量，更不是因为炖煮煽动情绪的“鸡汤”，而是因为扎扎实实地生产了有长久价值的内容。这些内容抓住了读者的痛点，满足了读者的需求，最终换来了读者的关注和支持。

生产对别人有用的东西永远是写作的指南针，其他事情亦是如此，价值交换规律放在哪里都会起作用。比如，在寻找目标这件事上，很多读者会在咨询的时候说：我想变得很有钱；我要成为一个很厉害的人；我想成为学霸；我要养成5点起床的习惯……仔细琢磨这些话，我们会发现其中隐藏着一个思维误区，那就是人们往往只单方面看到自己想要的，却忽略了自己能给的。

绝大多数人在确立目标时都采用“我想要”的思维模式，因为说出“我想要什么”很容易，而且这种“利己思维”驱使下的目标往往很多、很大，很容易让人陷入不切实际或急于求成的境地。所以只要我问：“那你能给予别人什么呢？”对方马上就会陷入沉默，然后幽幽地说：“好像确实没什么能给予别人的，就算是养成一个习惯，也难保自己能付出那样的行动。”

再想想那些我们愿意主动关注的人吧，他们是不是都在某一领域有自己独特的价值呢？因为这些价值可能对我们有用，所以我们愿意关注他们、和他们保持联系，甚至愿意付费支持他们。

这就是这个世界的基本规律之一。即使换作是你，结果也是一样的。只要你自己有独特的价值，且价值能够呈现出来、被他人强烈需要，别人就会关注你、支持你、给你反馈，进而与你产生密切的联系，愿意把自己的资源给你调用，最终你会发现之前你想要的一切都会自然来到你的身边。所以“利他就是利己”这句话真不是什么鸡汤，而是这个世界无比真实的运行规律，谁能早一天正视它，谁就能从中受益。

一旦我们把视角从“**我想要**”转到了“**我能给**”，很多浮躁、妄念就会马上消失；当我们开始思考做什么事能够给别人带去长久价值的时候，就会看到一个新天地；当我们开始想办法把自己打磨得更有价值的时候，就能在浮躁的人群中稳住自己、默默前行，去等待那束亮光出现。

当然，走价值积累之路是需要保持耐心和远见的，因为价值的产生需要过程，一旦你选定了价值之路，就要消除自我怀疑，保持坚定。

2018 年 8 月，我听了国内流程管理专家金国华的一次分享，其中一句话我至今记忆犹新，他说：“对的东西，你就坚持，不需要想清楚。只要这件事情是有好处的，对别人、对自己有价值，有贡献和产出，你就坚持。人生所有的付出和经历，都会在未来的某一刻给你回报。”

价值积累之路就是这样，刚开始的时候不一定能看得清结果，**但只要牢牢盯住“价值”这个方向往前走，我们就不用担心自己会走偏**。

所以在我看来，**写作、成长和成功其实是一回事：写作就是生产有价值的内容，成长就是做一个有价值的人，而成功就是我们能为这个社会做出的贡献**。究其根本，它们都遵循价值交换规律。

用知识为价值加码

第二次好运得益于我在写作初期上的一次写作课。课上，我接触到了“顶级信息论”和“10 万：1 千的输入输出比”这两个观点[①]，它们让我直接从“经验写作”跳到了“知识写作”的层次上。

其实，对一个成熟的写作者来说，这两个观点再正常不过了，但对当时刚开始写作的我来说冲击非常大。因为那时的我和很多写作者一样，完全靠自己的经验码字，文章里充斥着个人的日常感想和感受。这样的文章固然容易写，但往往很局限，也没有长久价值，而且受个人经历限制，时间一长就会觉得没东西可写。

不过，一旦有大量的顶级信息输入就不一样了。顶级的知识可以给我们带来底层的认知、广阔的视角、丰富的素材和独特的关联，让我每次都可以用不同的知识或故事来开场，而无须用“我有一个朋友……”来开头。经常用“不知名的朋友”的案例就会显得狭窄，可信度也不高，况且**经验这东西很容易枯竭，但知识不会**。

这就解决了我素材来源和写作层次的问题，所以我经常把这堂课喻为自己的写作基因塑造课。有了这样的基因支撑，我便开始大量阅读、输入，**用知识为价值加码**，先后归纳并实践

① 所谓“顶级信息论”，就是指找到所学行业内最好的资料并努力深挖。所谓“10 万：1 千的输入输出比”，就是指想要输出 1 千个字，大约需要先输入 10 万个字。

了刻意练习和深度学习等成长方法论，这些方法论又反哺了自己，让我开始有意识地在舒适区边缘持续打磨作品。这种循环一旦开启，文章的深度和价值便开始飞速提升，所以尽管这几年我的文章总数不是很多，但它们建立的影响力比较扎实。

再看网上的众多文章，我们会发现它们的作者依旧缺乏价值意识。他们虽然长期坚持输出，但内容多是围绕热点事件发表见解、记录自己的生活感受，或是罗列一本书的知识要点。这样的内容通常谈不上有什么长久价值或深度价值，同质化严重，很容易被他人替代，所以即使他们每天更新、日日产出，也无法被别人强烈需要、无法参与更大的价值交换，于是就成了那些“很努力却总是看不到希望”的人。

这也是我们要不断学习“新知”的原因，因为“新知”永远是增加价值的有效砝码。如果我们缺少这种理念，就只能用浅薄的经验和盲目的毅力去努力，很难获取独特的能力和价值优势。所以无论我们在什么行业、什么领域、什么岗位，想要胜出，就要在心中打下这样的烙印：**愿意并舍得在学习新知上投入大量资源**。

永远走价值积累之路

无论你在哪个行业、做什么事情，价值交换规律无处不在，只要有意识地遵循这一规律，你的人生就可能发生巨变。当然，对个体成长而言，不管什么时候，我总是鼓励人们去写作，因为无论从哪个方面看，写作都是一个有百利而无一害且适用于每一个普通人的技能。

首先，一个人要想真正提升自己，输入和输出势必形成闭环，如果一味地满足于输入，提升效果就会大打折扣。即便你没有造福他人的梦想，仅仅梳理自己也是极好的，它不仅能让你想清楚更多事情，还能让你保持情绪平和、提高表达能力，让你在生活和工作中胜人一筹。

其次，如果你有造福他人的梦想，也希望创造自身的影响力，那写作就是成本最低、限制最小的途径。一台电脑、一根网线，就可以让自己行动起来。如果每次有益的思考都能通过文字把价值固化下来，再借助网络的复制力量完成扩散，你的人生就有可能酝酿出无限可能。

最后，文字是你在互联网上的另一张名片，任何人都可以通过它们随时认识你，这就好比自己有了“分身术”，一觉醒来就有可能收到意想不到的连接。不管你身处何种现实困境，你都能通过文字创造一个属于自己的王国，去连接一个全新的世界。当然，如果你的文字力量足够大，能够帮助很多人，那你就有机会得到无数的正反馈，这些反馈带来的成就和喜悦往往是我们在现实生活中接触不到的。

放眼世界，我们其实比以往任何一个时代的人都更需要类似写作这样的技能。因为随着人工智能技术的快速发展，很多重复劳动的“转换”类职业终将被机器取代，所以当人工智能崛起后，普通人又凭什么参与社会交换呢？

社会在巨变，但价值交换规律不变。

人工智能虽然让人类的一部分传统价值快速贬值，但人的认知能力依旧是技术无法替代的，而写作是磨炼这项能力的绝佳途径。目光长远的人，会尽力看向远方，并开始早早地布局，让自己靠近“价值金字塔”的顶部。

而本节的意义就是想告诉你，无论你选择写作还是其他，“价值产出”之路永远适合每一个人，无论何时都有效。

第三节

利他：毋庸置疑，利他是最好的人生

以前，一听到别人说“凡事要有利他之心”时，我心里就会不自觉地泛起一股浓浓的鸡汤味，那感觉就像受到了强行说教。多年后才发现，这种未经审视的感觉和认知差点让自己错失个人成长中至关重要的力量。这力量强大且坚韧，缺少了它，我们人生的成就和幸福可能会大概率地被限制在某条水平线之下；而一旦拥有了它，我们便能解开那道限制人生可能性的“枷锁”，做成很多自己无法想象的事情。

这并非夸张，而是事实。很多人之所以感受不到这种事实，是因为他们只是简单地接受了“凡事要有利他之心”这一结论，并不真正清楚它的深层含义。所以即使他们脑子里知道这个道理，但心里并不真的认同，更别说发自内心地去实践了。如果你此刻在面对“利他”这个观念时仍有挥之不去的鸡汤感，那不妨听我细细拆解，好拂去你头上的这朵乌云。

利他的本质是爱

人们之所以不愿意真正地接受利他观念，是因为这个观念与我们的天性相违背。对大脑来说，简单、直接、快速、确定的事情是它的最爱，而利己之事几乎满足上述所有条件。相对来说，利他之事通常需要先绕个弯。它需要我们先付出，甚至是无条件地付出，有时还要面临一些损失，忍受一些不安全感和不确定性。这会使大脑不自觉地产生抗拒，所以很多人即使知道这个道理也很难真正走出这一步。然而，利己之事让我们得到了眼前的好处，却让我们失去了更大、更长久的好处——**力量！**

这么说或许会让人有些费解，不过，看几个简单的例子你就会明白。比如，我们常说：为母则刚。为什么呢？因为当我们成为父母的时候，就会天然地对孩子有责任感、有保护欲。在为人父母之前，我们可能看到一只蟑螂都会吓得跳起来；但在成为父母之后，我们也许能冲向一辆飞奔而来的汽车，把孩子抱到一边。这种超越个人得失的爱就是一种强大的利他力量。

当然，有人会说孩子毕竟是自己生的，换作其他事情不一定行得通。其实不然。20 世纪 80 年代，稻盛和夫为了参与日本通信市场的竞争，每晚临睡时都会问自己："你参与通信事业，真的是为了国民的利益吗？没有为公司、为个人的私心吗？是不是想出风头、要引人注目呢？你的动机真的纯粹吗？没有一丝杂念吗？"如此反复自问自答，不断审视自己的动机是否至真至纯。经过整整半年，他终于确信自己心中没有一丝一毫的杂念，才着手建立 DDI 公司，与当时几乎处于垄断地位的 NTT 公司展开竞争，最终在蚁象之战中，爆发出惊人的力量，使公司业绩出人意料地快速攀升，形成与 NTT 分庭抗礼之势。如果用一个词来描述这种毫不掺杂私心，全心为国民谋福利、做贡献的利他态度，那就是无欲则刚。

这里的“欲”，当然是指个人私欲，这种私欲本身没有什么不对，它是我们个人成长进步以及办企业、做事业的原生动力。但如果没有超越私欲的利他力量，我们就会在遇到重大选择时变得目光短浅，患得患失，因而变得软弱无力，无法做出真正正确的决策，最终使个人或企业发展受限，甚至陷入困境。而一个人要是能放弃自己的小九九，能发自内心地为社会发展、为人民福祉做事，他就会真的充满力量，完成难以达成的任务。正如任正非先生在 2019 年 1 月接受采访时所言：“我们不是上市公司，不是为了财务报表，**我们是为了实现人类理想而努力奋斗**。”可见华为的企业动机里有心怀天下的利他思想，这种思想也是其排除万难的力量支撑。

这也是革命先烈们不怕牺牲的原因，他们心里装着人民和国家。正因为爱得深沉，所以当家园遭遇灾难时，他们拼了命也要去拯救、去保护。而那些贪生怕死之徒就缺乏这样的力量，他们的目光只局限于自身，甚至只关注个人的荣华与安逸。

如今我们生活在和平年代，很少会遇到像革命先辈那样需要牺牲自己生命的时候，但利他心同样是我们最大的力量来源。因此，当我们遇到困难想要放弃时，当我们陷入困境感到无力时，不妨静下心来问问自己：是不是因为做这件事情的出发点不够高尚？是不是因为过于在意个人的得失？是不是太希望自己能凌驾于他人之上？……有了利他力量的加持，我们会在不知不觉中拥有他人所称的“格局”。

所以，**利他的本质是爱，它的力量取决于我们对自己、对他人，以及对这个世界爱得有多深、爱得有多广**。无论是“为母则刚”，还是“无欲则刚”，实际上都是因为情怀和胸襟超越了个人、小团队，是一种面向大集体的爱。有了爱，我们才能得到真正的幸福和成就。正如岸见一郎在《被讨厌的勇气》中说的：“幸福即贡献感。”也如稻盛和夫在《心》中说的：“一切成功都归结于利他之心”。世间的幸福之法和成事之法，无不如此！

利他的结果是利己

我的写作之路也因此而受益。

起初，我也强烈地希望自己能够写出“10 万 +”（一篇文章的阅读量超过 10 万次），能够一夜成名，甚至快速变现。这种纯粹的利己思想让我很快地拿起了笔，但也让我在现实的打击下很快就想要放弃。如今我出版了更多本书，这在很大程度上得益于自己写作心态的转变。因为我逐渐意识到，自己写作根本不是为了个人的名声和收益，而是为了改变自己并影响他人。

有了这样的使命感后，我便开始远离热点、静心阅读、用心关联、持续打磨，力争用最底层的知识和简单易懂的表述去驱动读者更新认知。所以即使文章更新的周期很长，我也能不慌不忙地往前走；即使没有写出“10 万 +”，我也能承受持续的冷寂。虽然我还没能完全证明未来的前景，但我坚信，只要心里装着读者，坚持输出对大家长久有用的内容，就一定能厚积薄发，达成所愿。

除此之外，我还做了另一件让人不太理解的事。

2018 年 5 月，我在公众号开通了问答专栏，免费向读者提供成长咨询服务。很多读者都不敢相信我愿意花时间帮助他们，而且不收取任何费用，以致很多人在咨询结束后都忍不住问我这样的问题：“为什么你愿意花时间无条件地为一个陌生人答疑解惑呢？”

的确，一开始我也不确定这样做是不是自讨苦吃，但我坚持认为只要是有利于读者成长和改变的事，就值得投入精力去做。事后证明这个选择是对的，甚至可以说，这是那一年我在写作方面做得最正确的一件事，因为表面上看是我在单方面付出，实际上受益最大的人是我自己。

通过一对一的交流，我竟无意中拥有了大量接触困惑样本的机会，掌握了大家在成长路上的第一手真实需求。这直接打破了我闭门造车的学习状态，使所学的理论和最真实的需求产生了奇妙的“化学反应”。所以我后来写的文章常常能在保持理论高度的同时击中读者的痛点，还能提供切实可行的操作方法；另外，持续的问答也提高了我解决实际问题和复杂问题的能力。

从这个角度看，利他的结果就是利己，那些不带功利心的付出，最后都会通过某种形式加倍返还。窥一斑而知全豹，我想在其他领域也是如此。

利他的途径是创造价值

人们不愿意践行利他观念的另一个原因是**误把牺牲和讨好当成利他**，以致得到的反馈和体验极其不好。最典型的表现就是无原则地对他人好或是有目的地付出，亲子关系中的溺爱、情侣关系中的讨好都是如此。

这样的认识是不准确的，事实上，**利他的正确姿势不是无端付出，而是努力成为一个有价值的人。我们需要通过自身的能力或价值去影响他人、服务他人，而不是试图用某种条件去取悦或控制他人**。

所以，利他不是盲目地牺牲自己，也不是刻意地讨好他人。父母在保护孩子人身安全的同时，也要不断修炼自己，给孩子做好榜样，这才是真正的爱；情侣在关爱对方的同时，也要不断提升自己，用自身的优秀去带动对方同步成长，这才是健康的爱。

这一道理放在其他事情上也是一样的，**我们既要有利他之心，也要有利他之力，二者缺一不可**。

利他从接纳利己开始

毋庸置疑，利他是最好的人生信念。但我知道你心中还有一个顾虑，那就是担心自己不可能成为一个毫无私心的人："如果不小心回到了利己的状态或暂时达不到利他的层次，那自己就成了表里不一的人，这样会让人看不起。"

关于这一点，我们其实完全不用担心，因为利他与利己原本就不是非黑即白的二元对立关系。毕竟利己是人的本性，而利他是一种超越，我们不需要在拥有一个的同时将另一个消灭，我们可以兼而有之。

更好的成长者不会刻意抹杀自己的本性，而会主动接纳它，因为只有接纳了利己，我们才能坦然地向它告别。回避和自我欺骗只会削弱我们的力量。

所以，即使暂时做不到也没关系，坦然接受就好了，重要的是做真实的自己。只要你心中埋下了利他的种子，剩下的就交给时间，让它自己生根发芽。在这个过程中，我们可以用积极的思考和行动去"施肥浇水"，但不要急于求成。毕竟，像稻盛和夫这样有道德修养的人也得花上半年多的时间才能消除自己心中的利己欲望呢！

不要纠结于自己能不能真正做到利他，哪怕暂时退却也无妨。重要的是，我们一直在利他的道路上前进，从未放弃！

第四节
镜子：所有的社交都是一面镜子

一位读者发现了我的公众号，如获至宝。他兴冲冲地给我留言并向我致谢，同时还表示要把“清脑”分享给他的朋友，希望更多人能受益。我当即表示感谢——对一个几乎从来不主动推广的公众号来说，有人愿意主动将其分享给他人，那必然是发自内心的。

可惜好景不长，没过几天他又来留言了，但这次不是来感谢的，而是来“诉说愤怒”的。他说：“我的好朋友每天熬夜打游戏，平时不看书不成长，没有生活目标。我知道你的文章对他有用，所以强烈推荐给他，结果却被他嗤之以鼻，真是气死了！”然后他问我该怎么办。

我说：“想让对方听你的劝，最好的方式不是语言，而是你自己真的变好，而且比现在好很多、比他好很多，那时你的话才有分量。因为更好的建议不是劝说，而是影响。”

更好的建议不是劝说，而是影响

在很多人听来，这句话几乎等于没说。不就是“身教大于言传”的道理吗？谁不知道呢！可正因为太浅显，有些人反而视而不见，所以总是被现实问题所困。

比如一些年轻的读者就经常因自己的另一半不思进取而苦恼。他们自己有了觉悟，便见不得对方浑噩，忍受不了对方把时间浪费在电视、手机、闲聊、购物上。于是他们苦口婆心地劝告，但就是得不到对方的回应。这种“恨铁不成钢”的心情真让人抓狂，毕竟那是自己最亲密的人啊。

我也曾被读者戳心地问到这个问题：你会要求自己的爱人和你一样学习提升吗？说实话，在这个问题上我犯过同样的错误。在开始写作之前，我几乎从不主动学习；尝试写作之后我开始接触大量的学习资源，觉得时间宝贵，人生不应该虚度，于是把购买的网课、优质书籍悉数推荐给了她，希望她少追剧多阅读，少浪费时间多提升自己。至于结果，你能猜到——我碰了一鼻子灰。

现在回头想，一切都很明了：我认为自己是在帮助她，而在她眼里，我大概就是一个夸夸其谈的知识搬运者，道理一大箩筐，成天说这个好、那个好，就是没见有什么变化，一看就是眼高手低的家伙……在婚姻生活中，用自己的意愿强行改变对方本来就是大忌，特别是在自己还不怎么样的时候。于是我选择了闭嘴，决定先做到再说。

我开始默默地坚持早起、跑步，身体和精力变得越来越好；

我把学到的知识重新写出来，发现不仅自己理解得更深刻了，还帮助了很多人；在生活中，我变得更加体察、包容，成了家庭情绪稳定的基石；通过输出深度文章和接受问答咨询，我建立了个人影响力；新书出版后，知识变现也成了现实。这一切都是做到和改变的力量，我自己能感受到，相信她也能感受到。

就这样，情况开始慢慢转变。她不再厌烦我早起，自己也开始持续锻炼，虽然时间是在晚上；她开始盯上我的书柜，有事没事就来拿一两本书去翻看；她会和我讨论一些有意思的知识，还在我写完文章后主动帮我校对、提建议；她会更多地承担家务和辅导孩子，为的是给我腾出阅读和写作的时间。尽管我不再开口劝说，但她反而开始改变了。更令人惊喜的是，女儿的阅读习惯也在我们共同营造的氛围中得以培养，无论是在车上、床上，还是沙发上，就算没人提醒，她自己也会捧本书翻。看来"身教大于言传"真是不假，自己做好了，自然就形成了潜移默化影响他人的环境。

光动嘴皮子，显然没有说服力，所以我现在很少死命劝人了，我会尽量做给他们看。慢慢地，一些人开始重视我的意见，一些人甚至主动向我请教。后来我读到李笑来的一篇文章《成为能说那话的人》，文中的观点正好印证了自己的体会：同样的话从你和牛人的嘴里说出来，效果就是不一样，这显然不取决于对或不对，而取决于说话的那个人是谁！

大多数人的判断逻辑都是如此，所以劝朋友或给别人建议是必要的，但如果人家不听，也不要纠结，这不是人家在反驳你或反对你，这只是一面镜子，告诉你自己还不够强大（当然，对方也可能存在认知局限）。

此时，更好的策略是埋头努力，默默改变。直到有一天，即使你不说话，也会有人主动征求你的意见。

更好的关系不是付出，而是吸引

经常接受咨询，我不免要听一些年轻人诉说他们不幸的情感经历，最常见的情形莫过于 A 为了得到或留住 B 而不断地示好或付出。他们有的人巴结讨好，有的人忍气吞声，有的人省吃俭用，有的人包揽家务，有的人放弃梦想，有的人远离朋友……他们以为付出自己的所有就能感动对方，让对方以同样的方式对待自己。然而总是事与愿违，他们越付出越被动，越付出越心累。

这背后的逻辑不难梳理：当你手里只有“付出”这一张感情牌时，就只能单方面地透支自己了，而透支自己的后果便是令自己失去吸引力；一旦失去吸引力，就会陷入继续付出的恶性循环，无论你面对的是家人、朋友还是伴侣。

开玩笑来说，人与人之间的交往犹如打牌，能供人选择的无非是“付出牌”和“吸引牌”，它们分别代表“付出型社交”和“吸引型社交”。可惜我们的直觉往往只能看到“付出牌”，因为这张牌不仅明显，而且简单易取；只有少数人能看到另一张抽象且相对难拿的“吸引牌”，当他们把两张牌都抓在手上的时候，就会占据上风。

打“付出牌”的人通常是有所求的，所以他们在与人交往的时候会有很强的付出心态，而这种心态往往会让自己感到痛苦，让他人感到沉重。不仅如此，一味付出让他们少有心思和精力去完善自己、提升自己。

而打“吸引牌”的人则完全不同，因为他首先得保证自己是完善的、有魅力的、对外无所求的，所以与他人相处时，即使打出了“付出牌”，他们也不会对这份付出附带任何条件。与这样的人相处，人们必定感到更轻松、更愉快，自然也就愿意主动靠近了。

擅打组合牌的人往往会在条件允许的情况下，尽可能先把目光聚焦到自己身上，他们会维护自己的形象，增加自己的学识，提升自己的智慧，稳定自己的情绪，丰富自己的爱好，结交理想的朋友，追逐自己的梦想……这样就可以始终向别人传达自己的魅力和自信，让喜欢的人主动靠近。

可见，如果自己始终处在单方面过度付出而得不到别人回应的状态，这并非说明别人对你不好，这只是一面镜子，告诉你自己还不够完善（当然，对方也有可能是一个不识好歹的人）。

此时更好的策略是立足长远，努力改变。总会有一天，即使你不付出，也会有人愿意主动靠近你。

更好的对待不是要求，而是成为

类似的咨询还有很多，比如一些人总觉得父母、同学、朋友、领导、同事、恋人，甚至自己的孩子，对自己不够尊重——要么轻视，要么取笑，要么捉弄，要么不恭……

这背后的原因大同小异：从短期看，是对方的素质和修养不够高；从长期看，是自身的能力和表现还不够好。因为所有的社交都是一面镜子，外界如何给你反馈，根源在于自身长期的综合表现。比如你平时的言行都很“幼稚”，成天发可爱的表情包，那别人是很难对你严肃的；如果你成年后依旧生活懒散，遇事逃避，周围人也不会尊重你；而在公司里，你若总是不及他人或常常惹是生非，领导和同事怎么会给你好脸色呢？

在遭遇他人不友好的对待时，我们可以发出自己的声音，要求对方注意并改变，但是别忘了，他们都是自己的镜子。与其要求对方改变，不如让自己真正成为心中期待的那个人，那个人强大、友好、睿智、有担当，是你自己遇到后也会心生欢喜或敬仰，愿意主动靠近的人。

作家特雷西·麦克米伦在 2014 年 2 月做过一次名为“想拥有完美的婚姻，请先拥有完整的自己”的 TED 演讲。她用自己三次失败的婚姻经历换来一个非常珍贵的思考角度：**在和别人结婚之前，不妨先和自己“结一次婚”**。不管你是男是女、已婚未婚，都可以给自己做一次这样的假设：你愿意和自己这样的人共度一生吗？无论贫穷、疾病也不离不弃？（事实上，和自己结婚，也只能不离不弃。）你喜欢自己的外在表现吗？喜欢自己的言行举止吗？喜欢自己的能力和上进心吗？喜欢自己对未来的追求吗？如果你对自己尚不满意，就不要指望别人会尊敬和喜欢你了。

“和自己结一次婚”真是一个绝佳的视角，它就像立在门口的一面镜子，让自己在每次出门之前先自我审视一番，防止邋遢示人而不自知。你现在肯定知道这并不是什么新奇的招数，而是非常高级的元认知。

想要更好，请停止追逐

尽管本节极力倡导诸位关注“影响、吸引、成为”这条路径，但我并不排斥“劝说、付出、要求”这些选项。因为这个世界是多维的，从来不止二元对立，习惯只取一端的人往往会走向绝对化，让自己在失去正确性的同时也失去灵活性。所以即使你并不了解什么是“批判性思维”，也可以用“视情而定”这样的句式让自己变得更智慧。

比如，你可以这样向他人介绍本节的观点：“影响、吸引、成为”虽然更为正确，但“劝说、付出、要求”在特定情况下也是必要的。就像 1999 年的时候，马云先生也在杭州湖畔花园的家中极力劝说另外 17 个人集资 50 万元，共同创立阿里巴巴。如今他再也不需要像当年那样去劝说人家才能成事了，因为他已经完成了转变。学会这样的表述，十有八九不会出现纰漏，还会促进自己双向思考。

所以，在现实生活中，我们也要视情而定：在该劝说的时候极力劝说，在该付出的时候尽情付出，在该要求的时候勇敢要求，同时不要忘记立足长远，让自己真正成为一个“有价值、可影响、能吸引”的人。

正如查理·芒格说的，想要得到一样东西，最好的方法是让自己配得上它。

以前似懂非懂，现在终于明白了。

第五节
内向：被动社交，内向成长者的制胜之道

这个世界好像越来越喧嚣了。

似乎只要点开屏幕，就能看到各种面孔对你说："在这个时代，你一定要学会在众人面前销售自己，要敢于表达、主动连接，要拉得下脸，否则你会错失各种人生机遇，活得默默无闻……"所以，他们鼓励你走到台前去分享、去演说，以提高自己的知名度；他们推荐你日更文章（视频）、与读者（观众）保持情感联系；他们告诉你微信视频号的第一条应该说"你要关注我的 N 个理由"；他们提醒你在短视频的最后告诉观众"记得双击、分享，爱你么么哒……"

于是满世界的信息似乎都充斥着这种套路，好像你不跟着做就会落伍一样。这让很多人焦虑不已，特别是那些天生内向、不善言辞和表达的人，因为这些对他人显得极为平常且轻松的事，换到自己身上就会变得异常难受和别扭。不用折腾多久，自己就会感到精疲力竭，内心也像被掏空了一样。

但为了不被时代淘汰，他们依然鼓足勇气，冲进"拥挤的潮水中努力游动"，美其名曰挑战自己、突破自己。然而，这

样做似乎并不能真正缓解焦虑，因为**同质化的内容实在太多了**。在众人自我叫卖的时候，自己那个不够自然和自信的声音依然显得默默无闻。

如果你正在遭遇这种尴尬，那不妨在此刻停下来想一想：做成一件事，真的必须这样扯着嗓子主动叫卖吗？

事实上，我们根本无须在“主动社交”这条路上挤得头破血流，因为这个世界上还有很多条通往成功的路。比如，与之相反的“被动社交”这条路就非常好走，它不仅畅通不拥挤、安静不焦虑，而且特别适合那些不擅长即时表达的内向成长者。不信的话，我们可以看看一位与众不同的“网红”——李子柒。

被动社交——用作品替自己说话

如果你看过李子柒的作品，就知道她从不在视频中和观众对话，也不会为了讨好观众而保持日更，更不会在视频的最后求大家点赞、关注和转发。她只是专注于作品本身，在视频里尽情地演绎自己，甚至为了拍好一个视频，她要经历春夏秋冬一整年的准备。“蹊跷”的是，这种冷淡的风格却让她火遍全球，使她不仅获得了可观的财富，也收获了独一无二的个人影响力。

这背后的原因很简单，那就是她只用作品说话。她的作品不仅精致有特色、清新不浮躁，而且还有长远价值，就算几十年后再看，依然可以成为中国乡村理想生活的代言。如今，她最不担心的就是缺少外界的关注和联系，要操心的反而是对海量的合作请求进行筛选。

这就是所谓的"被动社交"——通过产出独一无二的、具有长久价值的作品或产品来与这个世界保持连接。如此，就算创作者自身不善言辞，也同样可以让自己产生强大的社交吸引力，因为他可以让作品代替自己说话。而有价值的作品，特别是精心打磨的作品所产生的影响力要远远超过个人在台面上的高声叫卖。

扬长避短——内向者更有创造优势

选择"被动社交"战略的人并非少数，比如 25 岁就成为百度时任副总裁的李叫兽在成名前就思考过这个问题。他知道自己不是一个善于交际的人，但工作中又需要人际关系和影响力，于是他梳理了获取人际关系和影响力的两种方式：一是通过不断地与人交流，建立情感联系；二是通过知识或能力的吸引，让别人想认识自己。

通过梳理，他果断选择了"被动社交"战略，即通过公众号，每周输出一篇高质量的营销干货文章，专注于知识领域的创造。通过上述做法，他很快收获了 50 万读者，在营销圈打造了强大的个人品牌，最终拥有的人际网络和资源，远远超过很多社交能力比他强的人。

再比如《5 分钟商学院》的作者刘润也很推崇这种"自管花开"的行为模式，他说："你可以把自己想象成一朵花，我们只管这朵花开得漂亮，只想散发自己的光、热和香气。如果在覆盖范围之内，有人感受到了，那真是幸运，他就有机会成为我们的客户或者合作伙伴了。**我们不愿意拿着手电筒去找客户，也不想着去说服别人，如果发现这个人竟然还要被说服，那就只能证明这朵花散发的光和热还不够。**那没事，我继续努力，继续发光发热，争取我的光和热有一天能够覆盖到他。”

可见，采用被动社交的人同样可以获得成功。他们这样做并非出于无奈，相反，这是一个非常明智和正确的选择。**因为内向成长者的生理特点决定了他们更擅长与事物而非与人物打交道。**

科学研究证明，内向者与外向者在生理机能上有显著的差别。比如，内向者头脑中的血液流动路线更长、更复杂，犹如很多蜿蜒的路径，因为他们的血液聚集在离脑干更远的前额叶和布洛卡区——负责计划、思考和语言处理的区域，而外向者头脑中的血液聚集在离脑干更近的负责感官印象和感知情绪的区域。

换句话说，内向者更倾向于使用理智脑与外界互动，而外向者更倾向于用本能脑和情绪脑与外界互动（见图 1-4）。

由于理智脑运行时非常缓慢且耗能，所以内向者与外界互动时往往反应迟钝，且社交之后需要更多的时间和空间才能恢复能量——这也是内向者通常不喜欢社交的原因。而本能脑和情绪脑正好相反，它们与外界互动时反应快速且不容易疲惫，甚至还能从社交中获得能量。

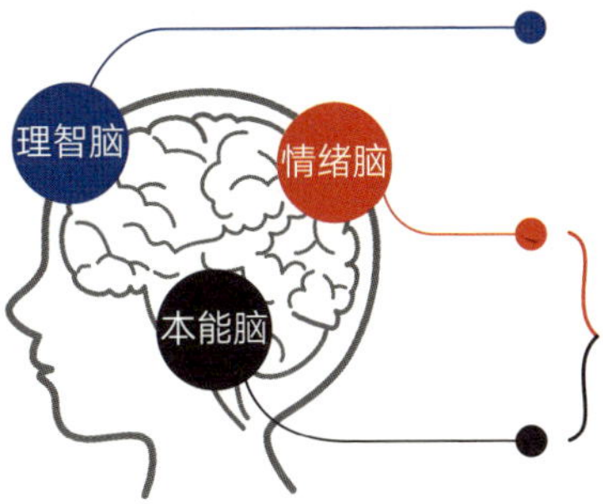

图 1-4　内向者与外向者的大脑区别

另外，内向者与外向者体内的神经递质分泌也有所不同。内向者体内的乙酰胆碱分泌通常比较活跃。乙酰胆碱是一种帮助集中精力、提升逻辑思维能力和记忆力的神经递质，它会抑制我们的行为系统，让我们安静下来，以此来丰富我们的能量储备。而外向者体内的多巴胺分泌通常更加活跃。多巴胺是一种传递兴奋、愉悦、开心的神经递质，它会激活我们的行为系统，使人充满精力。因此，比起外向者，内向者更容易看到事物的全局，行为也更为审慎。但由此带来的副作用便是，他们在与人交往时往往需要更长的时间才能找到合适的措辞，也更容易感到疲惫。所以，内向者的总体优势体现为他们更加擅长与事物打交道，在面对静态事物时，他们更理性、更有创造力，也更加关注事物的根本——这可能也是很多内向者不太合群的原因之一，因为习惯关注根本的人会觉得普通的闲聊太肤浅、没有意义，他们在与人交流时不知道说什么好。

综上可知，**内向成长者虽然在社交上不具优势，但在创造上更具潜力**，所以专注创造并用创造的价值来吸引外界与之连接，往往是他们更具优势的人生赛道。如果你了解以上知识，或许会主动扬长避短，切换到更适合自己的人生赛道上来。

长期主义——价值创造的必经之路

我自己就是一个偏内向的人，平日里不善言辞，同步沟通能力勉强及格，但开始写作后，我便不自觉地走上了“被动社交”的道路。因为我发现，通过生产有思想的文字来表达自己更容易获取成就与优势，而且这种“异步”沟通的方式让我很放松、很愉悦，也是我所擅长的。

事实上，公众号刚开始有起色的时候，我也尝试过向各大平台主动投稿，以此来提升自己的知名度。但这种“主动求关注”的方式让我十分疲惫。因为每写一篇文章我都要另外准备好几个版本，同时还要联系平台、介绍自己、等待回应、忍受拒绝，即使谈妥了，也还要按照平台要求修改内容……几次尝试之后，我发现这种方式不仅会消耗自己大量的精力，而且会让自己的写作风格变得越来越浮躁，推广效果也不见得好。于是我果断放弃这种方式，并暗下决心：今后不再投稿，除非他人主动转载……

这种想法看上去有些清高，但的确让我开始摒弃浮躁、继续聚焦。此后，我把全部精力投入知识写作和价值写作，深度思考，精心打磨，不接广告，不搞互推，即使更新文章的周期很长，也要坚决保证文章的质量。在我放弃“主动求关注”的成长方式后，情况却发生了有趣的变化：

- 转载文章的请求接踵而至，数百家自媒体申请了转载白名单；
- 读者主动来联系，每天都会收到很多留言和感谢；
- 结识了很多作者及其他领域的意见领袖；
- 收到了多家出版社的出书邀请，出版了自己的书……

我用自己的经历再一次证明被动社交这条路的可行性，而这一切的发生，都是因为有扎实的作品为自己代言。

当然，走这条路需要我们做一个长期主义者，需要我们抵御短期利益的诱惑，忍受暂时不被外界关注的不安全感，牢牢盯住自己的价值和产出。虽然我们无法像李子柒或李叫兽那样在相对较短的时间内爆发，毕竟那需要更大的付出和运气，但相对来说，作为一个没有特殊资源的普通人，我获得如今的成长的速度已经算很快了。如果当初我一直在他人的赛道上跟风模仿，把精力都放在自己不擅长的向外连接上，想必我现在依旧是个默默无闻的焦虑写手。

所以，那条看上去十分漫长的"被动社交"之路走起来其实并不慢，而且优质作品的价值积累效应还会加速这个过程，**因为好的作品会自己"走路"**。

价值稀缺——酒香不怕巷子深

好的作品确实会自己“走路”。

这句话成立的关键是这个作品要足够好。**它要好到能让人眼前一亮，让人觉得醍醐灌顶、能传递极度的美，或对他人产生巨大的帮助，且有长久的生命力**。这样的作品很难被外界模仿或代替，因此需要创作者持续专注、持续打磨，投入足够的精力和脑力。这对擅长与事物打交道的内向成长者来说是一个喜讯，因为他们更有可能通过创造优质作品来打造自己的“价值护城河”。**事实上，无论是内向成长者还是外向成长者，要想获得真正的成就和影响力，最终都要过创造价值这一关**。

当然，我们也不能自视清高，轻视主动传播的力量，但更好的传播一定发生在我们拥有足够多、足够好的作品或价值之后。所以，在自己还不够强大的时候，不要太担心自己没人关注，我们只需要专注于自己的作品与价值就好了。当有一天，你能用作品惊艳众人的时候，“整个世界”都会向你投来目光、伸来双手。那时，无论是主动宣扬还是借助专业的传播力量，你都更有可能让自己的影响力产生裂变。

在现代竞争环境的影响下，大多数人已经不再信奉“酒香不怕巷子深”这句老话了，人们似乎都愿意跑到巷口主动招揽生意。这在商业上是行得通的，因为商业竞争非常激烈，商家需要主动出击、占据市场先机才能更好地活下去。但在个人成长领域，我依然认为这句老话更加可行。因为个人成长与商业发展的竞争模式不同，它有更高的时间宽容度和强烈的个人属性，它允许我们慢慢地变好，让我们不紧不慢地“雕刻”自己的作品。

同时，我们还应该具备这样的洞见：**越是在传播手段发达的社会里，越要坚守价值。因为这个世界已经不缺乏传播途径了，但价值依旧稀缺！**

想想看，在一个人人都拥有传播能力（每个人都可以发朋友圈、拍短视频）的世界里，大家最缺什么？

缺好东西！

只要是好东西，人们就愿意主动分享。

就像如果深山里有一处风雅之地被某个“网红”发现，他的分享便会引得无数人前来围观打卡。现在很多“网红”的日常工作就是不断更换打卡地，分享更多好东西，借以维持自己的流量，而风雅之地一旦被曝光，它就可以持续引来客流，不再冷清。

当然，风雅之地只是一个比喻，它代表某些天然或人工作品，只要自然或人为地建设它、改造它，它就可能成为一处名胜。如果你暂时无法成为像“网红”那样有魅力、有影响力的人，那就专注打造自己的作品和价值吧。毕竟容颜易老、魅力易逝，而由人创造的思想、价值和美却可以长期存在。

等有一天，当你手握它们从幕后走到台前时，就算你缺少魅力、不善言辞，人们也会认认真真地听你说话。

第二章

身份——一切从信念开始

第一节

层次：你在这个世界的哪一层

1976 年，理查德 · 班德勒和约翰 · 格林德开创了一门新学问——NLP（Neuro-Linguistic Programming），中文意思是用神经语言改变行为程序。后来他们的学生罗伯特 · 迪尔茨和格雷戈里 · 贝特森创立了 NLP 逻辑层次模型。这个模型把人的思维和觉知分为六个层次，自下而上分别是：环境、行为、能力、信念和价值观、自我意识、使命（见图 2-1）。

图 2-1　NLP 逻辑层次模型

NLP 逻辑层次模型适用于很多领域，诸如生活、商业、情感，也包括成长领域。可每次看到某某模型，或某个模型的组成部分超过三个时，我都会有昏昏欲睡之感，觉得这些东西太抽象。想必你也有同样的感觉，不过还是请你在这一页上多停留一会儿，让我把这个模型换个面貌，你就会发现它其实是个好东西。

下面，我以成长为例。

在成长过程中，我们必然会遇到各种各样的问题，此时，对待这些问题的态度就很关键了，因为从中可以看出我们的成长等级，而 NLP 逻辑层次模型就可以作为衡量成长等级的标尺。

第一层：环境。处在这一层的是最低层的成长者，他们遇到问题后的第一反应不是从自己身上找原因，而是把原因归咎于外部环境，比如感叹自己运气不好、认为自己没有遇到好老板、怪老师教得太差……总之凡事都是别人的错，自己没有错。这样的人情绪不稳定，往往是十足的抱怨者。

第二层：行为。处于这一层的人能将目光投向内部，从自身寻找问题。他们不会太多地抱怨环境，而会把注意力放在自身的行为上，比如个人努力程度。对绝大多数人来说，努力是最容易做到的，也是自己可以完全掌控的，所以他们往往把努力视为救命稻草。

这本没什么不好，只是在努力成为唯一标准后，人们就很容易忽略其他因素，只用努力的形式来欺骗自己，比如每天都加班、每天都学习、每天都写作、每天都锻炼……凡事每天坚持，一天不落，看起来非常努力，但至于效率是否够高、注意力是否集中、文章是否有价值、身形是否有变化，这些似乎并不重要，因为努力的感觉已经让他们心安理得了。说到底，人还是容易被懒惰影响的，总希望用相对无痛的努力数量取代直面核心困难的思考，在这种状态下，努力反而为他们营造了麻木自己的舒适区。

第三层：能力。处在这一层的人开始动脑琢磨自身的能力了。他们能主动跳出努力这个舒适区，积极寻找方法，因为有了科学正确的方法，就能事半功倍。但这一步也很容易让人产生错觉，因为在知道方法的那一瞬间，一些人会产生“一切事情都可以搞定”的感觉，于是便不再愿意花更多力气去踏实努力，他们沉迷方法论、收集方法论，对各种方法论如数家珍，而且始终坚信有一个更好的方法在前面等着自己，所以他们永远走在寻找最佳方法的路上，最终成了“道理都懂，就是不做”的那伙人。

第四层：信念和价值观。终有一天他们会明白，再好的方法也代替不了努力；也一定有人会明白，比方法更重要的其实是选择。因为一件事情要是方向错了，再多的努力和方法也没用，甚至还会起反作用，所以一定要先搞清楚“什么最重要”“什么更重要”，而这些问题的源头就是我们的信念和价值观。

一个人若能觉知到选择层，那他多少有点儿接近智慧了。在生活中，这类人一定愿意花更多时间去主动思考如何优化自己的选择，毕竟选择了错误的人和事，无异于浪费生命。

第五层：自我意识。如果说“信念和价值观”是一个人从被动跟从命运到主动掌握命运的分界线，那么“自我意识”是更高阶、更主动的选择。所谓“自我意识”，就是从自己的身份定位开始思考问题，即“我是一个什么样的人，所以我应该去做什么样的事”。在这个视角之下，所有的选择、方法、努力都会主动围绕自我身份的建设而自动转换为合适的状态。这样的人，可以说是真正的觉醒者了。

第六层：使命。在身份追求之上，便是人类最高级别的生命追求。如果一个人开始考虑自己的使命，他就必然会把自己的价值建立在为众人服务的层面上。也就是说，人活着的最高意义就是创造、利他、积极地影响他人。能影响的人越多，意义就越大。当然，追求使命的人不一定都是伟人，也可能是像我们这样的普通人，只要我们能在自己的能力范围内对他人产生积极的影响即可。有了使命追求，我们就能催生出真正的人生目标，就能不畏艰难困苦，勇往直前。

知识，让我们更好地感知世界

这个世界是有层次的。在 NLP 逻辑层次模型的帮助下，个体的成长便有了不同的呈现（见图 2-2）。

一层的人找环境的问题，他们是抱怨者，喜欢说：“都是你们的错！”

二层的人找努力的问题，他们是行动派，喜欢说：“我还不够努力！”

三层的人找方法的问题，他们是战术家，喜欢说：“方法总比问题多！”

四层的人找选择的问题，他们是战略家，喜欢问：“什么东西最重要？”

五层的人找身份的问题，他们是觉醒者，喜欢问：“我要成为什么样的人？”

六层的人找意义的问题，他们是创造者，喜欢说：“人活着就是为了利他！”

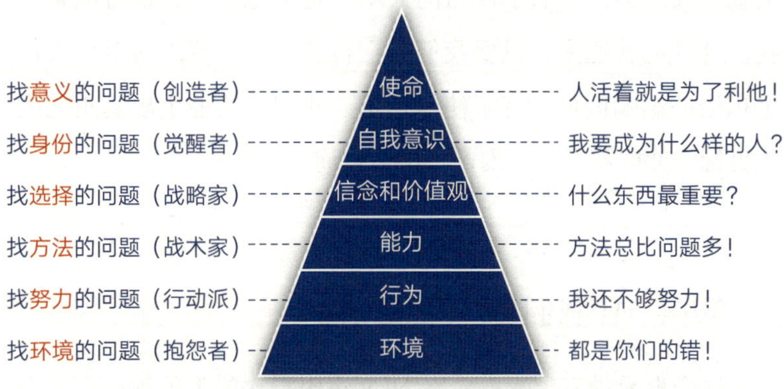

图 2-2　NLP 逻辑层次在成长上的呈现

现在，我们可以脱离这一模型，记住“环境、努力、方法、选择、身份、意义”这几个词就行了。有了这把标尺，我们就能意识到自己所处的位置，也能觉知自己当前的状态。

没有层次的指引，你可能意识不到自己还有更好的选择，因此被困在当前的层次。就像当你只知道“努力”这一个招数时，就不太可能主动去琢磨“方法”，更不太可能去主动思考“选择、身份和意义”了，甚至很可能把当前层次的焦点，诸如“努力”“方法”，当成目的去实现，以致不自觉地走偏。

但反过来，一旦我们清楚了全局框架，就可以成为“自由人”。在遇到问题时，我们就能主动**放弃情绪化的抱怨，勤努力、找方法、做选择、建身份、明意义**。

这正是让人感到喜悦的地方：原来我们还有这么多选择！特别是当我们能够从上至下地纵观全局，能够从高维度看问题时，低维度的问题自然就消失了，所以**对个体来说，最重要的事情莫过于找到人生目标和意义，想清楚自己应该成为什么样的人**。这个问题一旦解决，我们自然就知道该怎么选择、找什么方法、如何努力。不用刻意追求，一切水到渠成。

现代社会，人人都在学知识，但我时常问自己：学习知识到底是为了什么？现在似乎有了一个新的答案：知识可以让我们更好地审视自己和感知世界。有了感知，我们便能更好地定位和应对。

那么，你在这个世界的哪一层呢？

第二节
身份：改变自己的终极力量

2020 年 3 月，我结识了“剽悍一只猫”（以下简称“猫”），而结识他的缘由竟是我对他的误解——在此之前，我一直认为他是那种在网上运营社群贩卖焦虑的人。好在自己当时克制住了未经证实的偏见，抱着开放的心态读了他的新书《一年顶十年》，随后的事情也由此发生了戏剧化的转变。

通过和“猫”本人的交流，我了解到他是一个极致践行的人，他的书便是他实践的心得。不过在这本书中，我印象最深的是他多次提到的以下场景。

- 我经常对自己说一句话：**你是个干大事的人**。
- 刚毕业时，我觉得自己的气度不够，容易跟人斤斤计较，于是找人写了“**气度**”两个字挂在墙上天天看。
- 2017 年，我变得越来越焦虑，于是又请人写了“**今天**”两个字挂在墙上。
- 我们办公室有一幅字，上面写着：**我们很贵**。
- 若你还没富，请先**让自己像一个富人**。用富人的思考方式、富人心态、富人思维武装自己，改变自己的气质，让自己看起来更具“富人气”……

说实话，若是早几年读到这些内容，我肯定会充满怀疑和鄙夷：“这不就是鸡汤嘛！一个人怎么可能给自己画个大饼就让自己变好呢？简直太离谱了……”而现在，我不仅没有这样的念头，反而觉得这种做法很高级，因为我知道这种行为触及了我们人类成长的终极力量——**心理建设**。

身份—过程—结果

想了解心理建设，我们还得从《掌控习惯》这本书说起。作者詹姆斯·克利尔在书中描述了这样一个规律：即人的行为改变可分为**身份**、**过程**、**结果**三个层次，不同层次的努力会带来不同的结果（见图 2-3）。

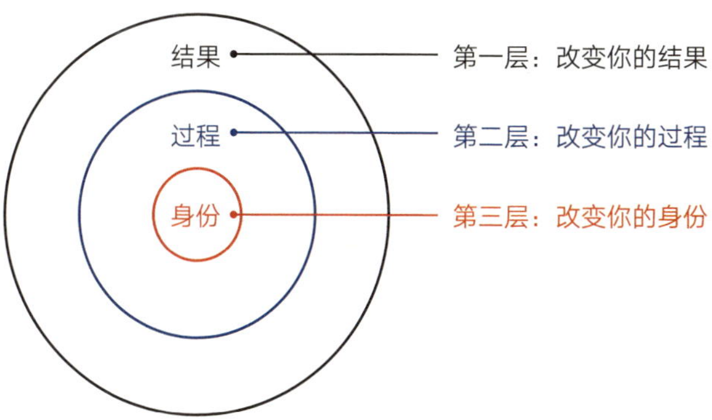

图 2-3　行为改变的三个层次

为了更好地理解，我们以养成阅读习惯为例（见图 2-4）。

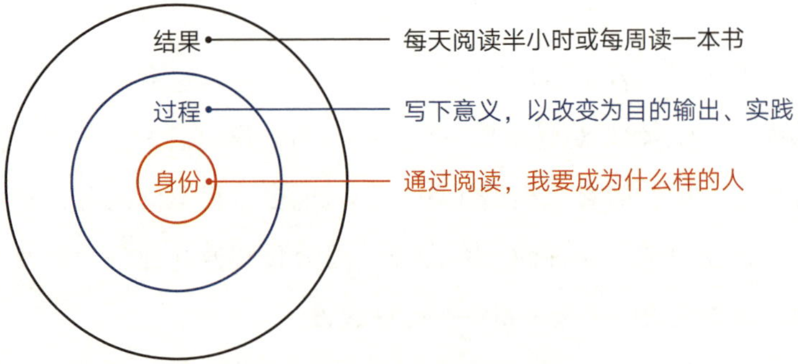

图 2-4　养成阅读习惯的三个层次

绝大多数人想养成阅读习惯时，都会自然地给自己定这样的目标：每天阅读半小时或每周读一本书。他们以为只要自己做到这些就可以养成阅读习惯，实际上这只是盯着最浅层的“结果”去行动，结局往往是为做而做，不了了之（相信你肯定深有体会）。

少部分人会把注意力放在“过程”这个层面。他们不满足于做什么（What），还要探索怎么做（How）以及为什么要做（Why）。所以他们会花时间写下阅读的意义，让自己看到阅读的各种好处；他们会以改变为目的去阅读，让自己输出、实践，使阅读效果最大化……做到这一点，其实已经非常了不起了，他们的收获会远远大于普通人，但这仍然需要消耗大量的意志力去坚持。

只有极少数人能看到“身份”这个层次，并主动从心理建设开始行动。他们会花大量的时间去思考：通过阅读，我要成为什么样的人。或者，他们会暗示自己：我本来就是一个以书为伴、追求新知、乐于探索的人。如此一来，阅读就会成为和吃饭、睡觉一样的基本需求，成为自己不做就会难受的事。这个时候，哪里还需要约束自己、强迫自己呢？

这个规律是普遍适用的，无论我们在哪个领域，想做成什么事，都会置身于这个框架之下。**因此，那些能明确自己身份的人才是真正的高手，他们肯花时间进行心理建设，能从上而下或从里到外地改变自己**。就像“猫”说的，要告诉自己，“我是个干大事的人”。因为如果连你都认为自己注定是平庸之辈，你的内心就很难强大起来。一个干大事的人，是不会与“偷懒”“嫉妒”“贪心”“恐惧”“浮躁”“自卑”为伍的。所以，在遇到困惑和困难时，成事之人会主动做出不同的选择，绘出不凡的命运轨迹；而平庸之辈往往会对这种“画大饼”式的行为充满鄙视和不屑，殊不知自己才是落伍者。

当然，那些从“结果”层开始行动的人最终也可能做成那件事，但他们依然会在“身份”上不知不觉地进行重塑。这种从下至上、从外到里的被动重塑不仅过程痛苦、耗力巨大，也会使成功变得极不可控，甚至当成功真的来临时，他们也可能会因心理准备不足而亲手毁掉机会，因为他们内心觉得自己配不上、承受不了。而被毁掉的机会可能是财富、爱情、成功及各种好运。

所以，我们一开始就应该正视自己的心理建设，正视自己的身份建设，**把潜意识的心理改造放到桌面上。毕竟在现实生活中，就算你不告诉自己应该成为一个什么样的人，你内心也有一个默认的身份存在。**你可能是一个自卑的人、胆小的人、不敢相信自己会成功的人，只是你自己察觉不到这一身份的存在而已。这就不难解释，为什么很多成年人虽然自身能力不差，但在面对生活中的困难与选择时，总是畏首畏尾，承担不起责任。因为他们内心依然是个孩子，潜意识里的自己并没有长大。而潜意识的力量是巨大的，善用之，它会成为我们成长的巨大推力；漠视之，它会成为我们成长的巨大阻碍。它是领着你跑还是拖着你阻碍前行，全看你对它的态度是否积极主动。

可见，信念从来都不是空的、假的，它是实实在在的力量，是特别强大的力量。我想，只要你知道了这个秘密，就必然会主动改变策略，真正重视信念的力量。

态度—行为—结果

信念，说白了就是我们看待事物的积极态度。这态度对内，就是主动进行心理建设；对外，也同样是好用的终极力量。

2020 年新冠疫情突发，同学们都只能在家学习，其中读者“点点”给我发来了自己的困扰，他说：“我家楼上的脚步声比较大，而且她家里有小孩儿，拉椅子的声音也非常响。和她交流也没有效果。有时候我甚至认为她家的拉椅子声都是故意的……每次一听到这些声音我就感觉很无力，不想继续学习，请问你对我的问题有什么好的建议吗？”

正好那几天我在读《思维的囚徒》，作者亚历克斯·佩塔克斯提出的“十大积极结果练习”十分应景。于是我对他说：“如果你希望有所改变，那就试着写下楼上脚步声的十个好处吧。”之后他便没了声音。我知道他心里大概在想：“从烦人的脚步声里找好处，还要找出十个？这怎么可能！”于是我给他做了个示范，我说：“你可以把椅子声和脚步声解读为‘这家的孩子真活泼呀’，或者‘还好疫情得到了控制，不然整个世界会安静得一点儿声音都没有，那就太可怕了，所以能听到人的脚步声真好’……”两天后，他给我回了消息：“谢谢你给我提供了另一个视角，但是我的想象力不够丰富，只能想出两点，另外，你给的那两个例子很好。”

不用告诉你结局，你也能猜到“点点”的情况发生了积极的变化，尽管现实环境并没有任何改变。不过我想，总有人在听完这段经历后脑海里会闪过“自欺欺人”“阿Q精神”之类的念头。可千万不要轻易下结论，因为这种看似可笑的做法实际上极其符合“**态度—行为—结果**”的事物发展规律。

很明显，我们看待一件事情的态度会影响我们的行为，而我们的行为则会影响现实结果。在上述案例中，读者“点点”如果不改变态度，他就会一直处于烦躁和抱怨中，可能使自己的成绩在痛苦中持续下滑；而他现在可以笑对噪声，聚焦学习，甚至还能刻意锻炼自己的抗干扰能力。

所以，在遭遇困难的时候，一定要提醒自己保持冷静，要在这种时候审视自己的态度和选择，要想方设法找到积极的一面。卡尔·纽波特在《深度工作》一书中也表达过类似的观点：

“你的世界是你所关注事物的产物。”“我们的大脑是依据我们关注的事物来构建世界观的。”我们选择去关注哪些事物、忽略哪些事物，会对我们的生活质量起到关键的作用。这也是我们在任何困难面前都要保持乐观的原因，只有态度和信念改变了，事情才会朝好的方向转变。

更好的消息是，无论我们遇到什么困境，最终我们都是有选择权的。正如《活出生命的意义》的作者维克多·弗兰克尔所言：“人所拥有的任何东西都可以被剥夺，唯独人性最后的自由，也就是在任何境遇中选择一己态度和生活方式的自由不能被剥夺。”所以，困境就是我们成长、改变的分水岭，而成长、改变也是我们和困境争夺选择权的较量：放弃选择，我们就会成为困境的囚徒；坚守选择，困难也会向我们俯首称臣。

现在，我们把“心理建设”与“态度选择”放在一起，就会发现对内和对外的力量其实是统一的，它们的力量源头是我们自身的信念（见图 2-5）。

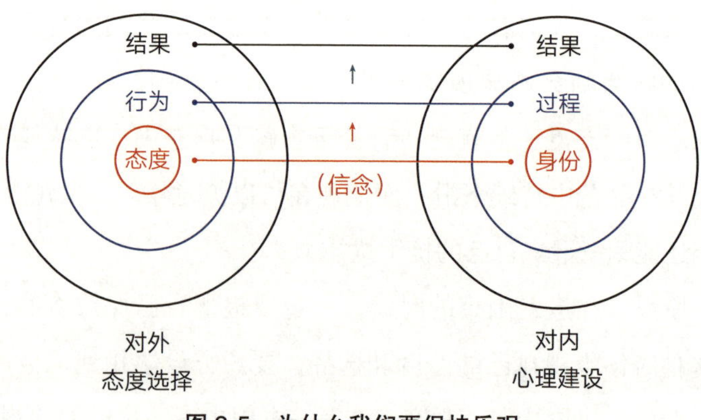

图 2-5　为什么我们要保持乐观

做最好的准备，做最坏的打算

“心理建设”与“态度选择”从本质上说都是帮助我们挣脱环境束缚的元认知能力。但对这种能力，人们可能还会产生一种难以辨识的误解，比如读者“平哥”就曾提出这样的疑惑：“吸引力法则告诉我，要想做成一件事，就得坚定信念，始终往好的方面想，这样才会有好的结果发生；而有人又说，要想做好一件事，就要降低期待，要是结果不好，也算有所预料，结果好，喜悦就会翻倍。但是用吸引力法则来看，主动降低期待就是往不好的方面想，这样做很可能产生不好的结果。所以，坚定信念和降低期待是矛盾的吗？”

这是个极具迷惑性的问题，但想清楚一点，就可以走出这种认知迷宫。

所谓吸引力法则，并不是指单纯地在心里对想要做成的事情发愿并保持极度的渴望，而是改变自己对待这件事情的态度，保持一种自信、平和的状态，这样，我们就能采取正面的行动，最终产生好的结果。如果一个人心里总想着不好的结果，让自己产生了担忧、顾虑、焦虑等情绪，那这种心态就会将自己的行动导向负面，这样一来，好的结果也会离我们越来越远。而主动降低期待并不是悲观主义，因为它的目的也是调整心态——让自己把注意力放到成长上，而不是外部评价上，这样，我们就可以让行动更加踏实，创造出好的结果。

所以，坚定信念和降低期待并不矛盾，因为坚定信念就是做最好的准备，而降低期待就是做最坏的打算。它们的目的是

一致的：促使自己更好地行动，最终产生好的结果（见图 2-6）。

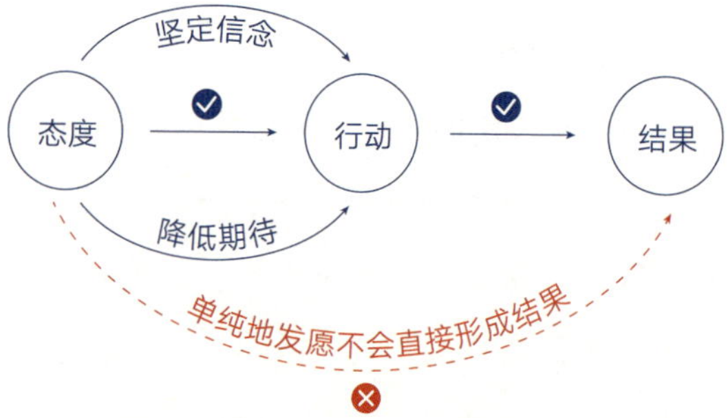

图 2-6 做最好的准备，做最坏的打算

至此，改变自己的终极力量已全部呈现在你的面前，它们最终能否为你所用，就看你自己的行动与实践了。不过，千万不要忘了**潜意识的学习方式是不断重复**。这就像我们学骑自行车，刚开始的时候需要不断地、刻意地提醒自己动作要领。在无数次重复后，我们不需要动脑也能轻松做到，这说明潜意识已经学会了。掌握这种看不见的力量也是如此，我们一开始需要“**假装**”，而后不断进行自我提醒和暗示，直到有一天可以本能地、笃定地相信自己。

当然，我们还要时刻保持觉知，不能执着于一个固定的身份或信念。因为随着自身能力和境遇的改变，我们往往需要新的身份来引领自己，所以**成长注定是一个将内在身份不断揉碎并重塑的动态过程**。

改变自己、让自己变得更好，是这个世界上许多人的愿望，但大多数人都不知道有“心理建设”这种力量的存在，能主动运用它来重塑自己的人更是少之又少，因此，大多数人只能在生命的旅途中懵懵懂懂地低效前行。如今，你我终于有机会接近这股看不见的力量，去创造主宰自己命运的可能。

第三节
语言：美好人生从好好说话开始

日本著名企业家稻盛和夫有个跟随其一生的习惯。他说：“无论遇到什么事情都要感谢，即使碰上坏事、遇到灾难，也要心存感激，说声谢谢。”他甚至还强调：“必须用理性把这句话灌进自己的头脑，就算感谢的情绪冒不出来，也要说服自己。”

起初，我认为稻盛和夫先生能做到这些是因为他是一个品德高尚的人，但在一番研究之后，我发现这种做法不仅仅反映了他纯粹的高尚品德，其背后还极具科学精神，而且这种科学的做法可以让我们每一个人学习运用并受益。如果你也希望自己能像稻盛和夫一样成为这个世界上颇具影响力的人，那就请放慢脚步，随我一起去了解其中的奥秘吧。

语言是幸福人生的开端

在前一节中，我们阐述了“态度—行为—结果”这个成长法则，即一个人的态度会影响他的行为，而行为又会影响现实结果，所以我们脑中的态度、观念、思维正是我们自由漫步人间的关键所在。但我们头脑中的态度、观念和思维又受什么影响呢？不用说，人生经历、学习新知肯定都是重要的因素，但除此之外，还有一个极为重要却很可能被我们忽视的因素：**语言**。

人们往往认为语言是思维的产物，即我们心里想什么，嘴里才会说什么。但很少有人知道，我们嘴里说的，也会影响我们心里的想法。

没错，**语言和思维之间其实是双向车道，而非单向车道。如果你知道自己还可以在思维和语言之间“逆向行驶”，你的生活中就会多出很多主动的选择**。比如《富爸爸穷爸爸》的作者罗伯特·清崎给我们做的“沟通示范”。

> 穷爸爸总是习惯说：“我可付不起！”而富爸爸则禁止我们说这样的话，他坚持让我们说：“我怎样才付得起？”
>
> 富爸爸解释说，当你下意识地说出“我付不起”的时候，你的大脑就会停止思考；而如果你自问“我怎样才付得起”，你的大脑就会动起来。

现在，再让我们回想一下稻盛和夫的做法。如果他不强迫自己在遇到坏事或灾难时说声谢谢，那他的思维就很可能会被糟糕的情绪束缚，然后陷入怨天尤人的境地。可见，刻意运用语言的力量，可以改变我们看待事物的视角。

所以，在平时的生活中，我们一定要注意自己的语言使用，遇到困难时我们可能会下意识地说“我做不到”，我们可能并不觉得这句话有什么问题，但这种绝对化的语言会无意间关闭我们大脑的能动性，让自己不再思考如何克服困难。而如果我们将这句话换成“我**暂时**还做不到”这样的开放性语言，就会暗示一种未来的可能性，让自己暗暗树立实现目标的信心。可见，**“态度—行为—结果”这个链条可以演变为“语言—态度—行为—结果”**。

语言学家本杰明·沃尔夫说：“语言塑造我们的思维方式，决定我们的思维内容。”德国规模极大的连锁超市奥乐齐（ALDI）的创始人也说：“改变你的语言，就会改变你的想法。”如果你从来没有留意过语言对自己的影响，那本节正是你“语言觉醒”的完美契机。

外部表现会影响内部状态

事实上，影响我们思维和态度的不仅仅是语言，其他的外部表现也会对内部状态产生影响。比如，当你用牙咬着铅笔然后不得不微笑的时候，你会感觉更高兴，因为面部表情会向大脑传送对感觉和情感的反馈。而我们的神经元回路并不总能清楚地分辨什么是真的、什么是假的，所以假如你在困境中假装大笑，你的情绪也会变得更轻盈。当然，如果你在愤怒的时候做出暴力的姿态，你也会变得更加愤怒。

另外，简单地呈现某种姿势，我们也能改变自己的所思所想。比如刻意保持开阔的姿势，让身体占据更多空间，能增强我们关于力量和控制的感觉。习惯舒展身体的人，更能够放远眼光，看得长远；而缩紧身体会让人眼光局限，只看当前。如果你平时是一个胆小害羞、遇事慌张的人，那不妨主动改变自己的身姿，假以时日，你会发现自己变得自信和勇敢了起来。

超市研究员也发现了类似的现象。当人们拿购物篮购物时会弯曲手臂，这种“收缩”的动作更容易使人们想要满足自己迫切的需求，屈从于自己的欲望，从而不自觉地选择那些能提供即时愉悦感的商品；而使用推车购物时，人们的手臂向外“伸展”，他们在选择商品时往往更加理性。

如果你再细心观察，就会发现像肯德基、麦当劳这样的门店，进门时常常需要拉开门而不是推开门。因为拉门时手臂收缩，这个动作可以让我们进入一种“简单满足”的心理状态。而柜台上方展示食物的电子屏幕通常是从上往下而不是从左往右滚动，因为当人们的目光跟随屏幕从上到下移动时，像在点头称是。这种隐蔽的设计会对我们形成心理暗示，但我们很难察觉。

诸多研究证实，我们的行为（包括动作、表情、姿态、语言等）与思维会相互影响。其中，语言对思维的影响更加直接和可见，我们对它也更容易察觉和掌控。

那么，新的问题来了：你认为“刀子嘴”的人一定有“豆腐心”吗？

刀子嘴，豆腐心

从心理学的角度看，刀子嘴的人不太可能会有豆腐心。因为语言会影响思维，当刻薄的语言从嘴里说出来的时候，内心也会不自觉地变得刻薄。一个人若是长期不注意自己的语气、语态和讲话内容，就可能变得尖酸刻薄而不自知。喜欢用“刀子嘴，豆腐心”来形容自己的人，大概率是为了给自己的行为找一个理由或借口。

所以，提醒自己口出善言，多体察别人的感受，会让别人感觉更好，也会让自己变得更好。当然，不可避免地，在某些特殊的场合，我们需要暂时借助一些“狠话”来达成某些目的，使事态往好的方向发展。此时，我们内心也清楚地知道，自己只不过是在“假装”，而非真的这么想。

美好人生，从好好说话开始

人们常说：思想决定行为，行为决定习惯，习惯决定性格，性格决定命运。

那思想是由什么决定的呢？

我想，除了好好学习，好好说话必然占据了一席之地。

所以，请时刻觉知并审视自己的语言：

- 无论遇到什么事情，说积极的话，不说消极的话；
- 无论遇到什么人物，说和善的话，不说刻薄的话；

- 无论遇到什么问题，说开放的话，不说绝对的话……

这并不难做到，只要我们经常提醒，刻意练习，它就能把我们带向美好的人生。毕竟从自己嘴里说出来的话，第一个听到的人是自己。听得多了，我们自己也就信了。

第四节

理性：成功，最怕一开始就对自己说不可能

从 2019 年开始，我就向读者倡导“你的一生，至少要主动做成一件对他人很有用的事”这一理念。很多人深受触动，决定开启自己的成事之旅，但在定下目标后又会产生下面这样的顾虑。

“我的目标是不是太大了？”

“看上去有些不切实际啊！”

“我怎么可能做到？”

“万一失败了怎么办？”

最初的雄心壮志在千思万虑之后反而令人彷徨、退却，于是一些人来寻求咨询，希望我能给出一些更加理性的建议。然而，我给出的通常不是理性的分析，而是热情的鼓励。对于这样的回应，有些人并不满意，因为人们普遍认为，要想做成一件事，光有热情没用，还得用理性思维思考目标的可行性。这

样的想法自然没错，只是很多人并不知道，**在某些情况下，理性思维不仅不会成为达成目标的利器，反而还会成为阻碍**。

这或许会令一些人费解，毕竟在传统的观念里，理性思维是解决问题的利器，我们努力学习也是为了让自己变得更加理性，而现在我却说“理性无用”，这到底是怎么回事？

如果你有这种感觉，那我要先恭喜你，**因为当你习以为常的观念被颠覆时，说明你可能要进步了**。

是的，我们孜孜以求的理性思维其实是有局限的，而且这种局限很难被人们察觉，它不仅会影响我们塑造自己的人生目标，还会在生活中的很多方面限制我们。如果我们能突破理性思维这道屏障，很多人生问题都将迎刃而解。所以你不妨暂时放下抗拒，与我一起更新对理性思维的认知。相信我，这次更新会使你的元认知产生重大飞跃。

乐观构想、悲观计划、乐观实行

为了更好地理解，我们还是从稻盛和夫的故事开始吧。

稻盛和夫有个有趣的习惯，他每次展开新的、难度较大的工作时，都会刻意去找一些“**理性不足，感性有余**”的人一起商讨自己的想法。这些人对稻盛的专业往往并不在行，但对他的提案总是表现出足够的兴趣和赞同，并鼓励他一定要试试。

这听起来可能有些荒唐：一个人要不是虚荣心作祟，他不至于总找外行人来捧场吧？但稻盛和夫这样做是有原因的。此前，他同样信奉理性思维，每次冒出新想法、新点子，他都会向那些一流大学出来的优秀人才征求意见。可他们听了提案后常常反应冷淡，表示这样的想法是多么脱离实际、多么缺乏根据。稻盛和夫看着这些“智慧的大脑”列出的全是“不能成功”的消极理由，深感失望，他说：“再美好的想象之花，经他们冷水一浇，也难免萎缩凋零，本来可以做成的事情也做不成了。”经过几次这样的教训，他就更换了商量的对象。

当然，你会认为这只是个案，不足以说明问题，那我们不妨看看历史上其他精英的言论。

- 1911 年，法国军事战略家、第一次世界大战协约国军队总司令斐迪南·福煦说：“飞机是有趣的玩具，但没有军用价值。”
- 1923 年，诺贝尔物理学奖得主罗伯特·密立根说：“人类不可能利用原子的力量”。
- 1943 年，IBM 公司创始人托马斯·沃森说：“我认为世界市场对计算机的需求大概是五台”。
- 1946 年，20 世纪福克斯公司总经理达里尔·扎努克说：“电视机只要上市六个月就抓不住消费者了，人们很快会厌倦每天晚上盯着一个胶合板箱子看。”
- 1957 年，电子管发明者李·德弗雷斯特说：“无论未来科技如何发展，人类永远无法登上月球。”
- 1977 年，美国数据设备公司（DEC）创始人肯尼斯·奥尔森说："让每个人都拥有一台电脑不合常理。"

很难想象，这些悲观的判断是从当时几乎最聪明理性、最专业权威的人嘴里说出来的，但从他们当时的处境看，这些结论似乎非常符合逻辑，因为他们的专业知识告诉他们，这是毫无疑问的"事实"。

理性思维的局限正在于此——**它只相信自己所见所闻的一切事情，对于已知之外的未知，它会主动怀疑并排斥**。因此，《意念力》的作者大卫·霍金斯告诫我们："理性，是将我们从低级本性的需求中解放出来的大救星，但同时也是一个严厉的看守，拒绝我们向智慧之上的层面逃离。"

可见，稻盛和夫的做法不仅不荒唐，甚至可以说是一种智慧。

那么，理性思维是否可以就此剔除呢？

也不是，理性思维自有用武之地，至于如何使用，不妨继续看稻盛和夫的做法，他说："在事情的构想、构思阶段，需要营造大胆乐观的氛围，但是将构想转到具体计划时，情况就完全不同了。这时应该基于'悲观论'，设想各种可能出现的风险，进行仔细、慎重的分析，制订周密的计划。"

之后，他话锋一转："然而，到了计划付诸实行的阶段，就要再次强调'乐观论'，坚定地采取行动。就是说'**乐观构想、悲观计划、乐观实行**'，这是成就事业、变理想为现实时必须具备的态度。"

这下终于明白了！

原来稻盛和夫的智慧就在于他知道如何巧妙地避开理性思维的局限——在不需要的时候将其关闭，在需要的时候再将其打开。所以我们要想成事，最好不要在理性思维这条路上“一条道走到黑”，而应遵循“先感性，后理性，再感性”的模式。这与《人生算法》的作者喻颖正说的“人生最好的模式是长期乐观、短期悲观、当下愉悦”如出一辙。

长期乐观、短期悲观、当下愉悦

正如我开始写作的时候，根本没有想过自己会在三年后写出一本书，我只是牢牢记住了李笑来说的那句话：“持续写作很可能是锻炼学习能力、锻炼思考能力、锻炼分析能力、锻炼沟通能力最直接、最低成本的方式。”因此我内心极其坚定，坚信写作可以塑造一个全新的自己，可以打造一个属于自己的世界，于是拿起笔就开始上路了。

当然，在写作途中我始终坚持“价值写作”和“知识写作”的理念，坚持写的东西三年、五年，甚至十年后再看依然是有价值的内容，于是不自觉地把自己推到了舒适区边缘，每写一篇新文章都会刻意“保持难受”，不断阅读、关联、修改、打磨，并亲自实践那些启发和道理。这个过程并不舒适，即便如此，每当自己坐在电脑前码字时，我都能感受到创造的乐趣；每当看到读者的留言和反馈时，我都会感到动力满满。这些乐趣和动力支撑着我持续不断地写下去。

蓦然回首，我发现自己走的正是“长期乐观、短期悲观、当下愉悦”的道路，而且已经离起点很远了。不得不说，这又是我遇到的好运——没有被理性思维束缚在起点。

现在，当我再用这个概念去观察他人时，发现很多人走的是与此完全相反的路径。他们一开始总是用当前的思维预估未来的情形，在发现自己的想法简直是异想天开时便觉得悲观无比，在起点时便停滞不前。即使勉强起步了，也会在过程中过于乐观、急于求成，希望很快看到成果，结果频遭打击，以致在接下来的具体行动中萎靡不振、痛苦煎熬，没过多久就放弃了。归结起来正好是“长期悲观、短期乐观、当下痛苦”的模式。细细想来，这或许正是很多人无法成事的原因之一吧。

理性思维是把双刃剑

理性思维之所以被人们奉若神明，是因为人们只看到它解决问题时的锋利，但事实上，理性思维是一把双刃剑，它还有偏颇、顾虑、担忧等自我设限的另一面。

比如，它对评价特别敏感，所以我们总是特别在意别人的眼光；它对失败特别抗拒，所以我们总是沉浸在挫折的情绪中；它对得失特别在意，所以我们总是在选择时畏首畏尾；它对标签特别认同，所以我们总是不敢相信自己可以跨界发展……它总是对自己知道的事实坚定不移，然后用这些单一的认知束缚自己，它让我们处于安全地带，也让我们远离很多种人生的可能性。

只要我们把理性思维这把剑拆分一下，马上就可以看到它的两面性——锋利的一面和设限的一面，而这把剑的安全剑柄则是元认知能力（见图 2-7）。

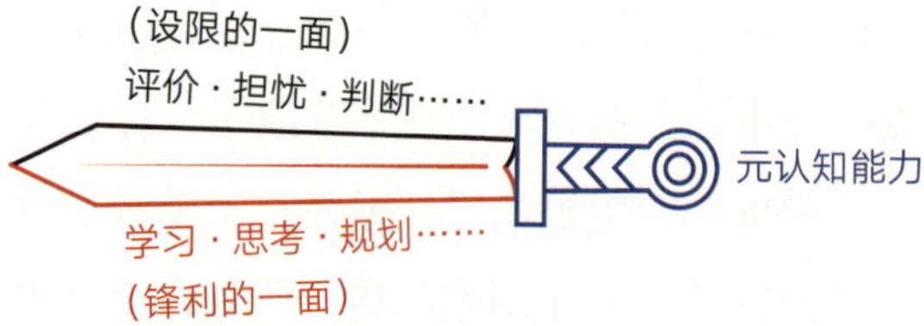

图 2-7　理性思维是把双刃剑之设限

元认知能力让我们跳出限制审视思维本身，控制剑的运行方向，让它始终呈现锋利的一面，帮助我们做成事情。就像稻盛和夫先生也并不排斥理性的力量，他同样会在各个阶段竭力运用思考的力量。

比如，在事情开始的阶段，他会让自己睡也想、醒也想，一天 24 小时不断地思考、透彻地思考，让自己从头顶到脚底，全身充满"非同寻常的、强烈的愿望"。他说："如果从身上某处切开，流出来的不是血，而是这种'愿望'。"

比如，在事情计划的阶段，他又会反复周密地推敲实现愿望的具体方法，将实现愿望的过程在头脑里进行模拟演练，直到像"看见了"它的结果一样才肯罢休。

他会用理性思维锋利的一面砍向自己的目标，同时尽量避免设限的一面影响自己的发挥。他还巧妙地把设限的一面替换成了开放的一面，让乐观开放、专注当下、享受过程成了另一种锋利，于是他无论怎么挥舞，都不会伤到自己（见图 2-8）。

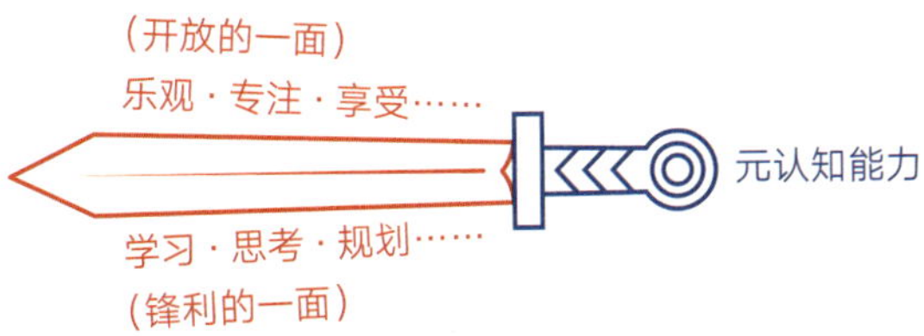

图 2-8　理性思维是把双刃剑之开放

人生还需要浪漫、无畏和勇气

在电影《流浪地球》中，地球即将被木星的引力吸引坠毁，空间站上的人工智能“莫斯”以极为理性的方式计算出拯救地球的成功率为零，于是决定带领空间站逃离，但刘培强中校却做出了一个极不理性的决定。他关闭了莫斯，带着 30 万吨燃料冲向天际引爆了木星，最终拯救了地球文明。虽然这只是一部科幻电影，但它同样揭示了成事的奥秘：**有时候，我们无法达成目标不是因为我们不够理性，而是因为我们不够感性。**

随着社会的发展，理性思维大放异彩，人工智能、大数据等科技的运用让我们不自觉地崇尚理性的力量。但我们切不可全盘接受理性的摆布，即使我们生而混沌，要努力成为一个理性的人，我们也要始终牢记获取理性不是最终目的，因为精彩的人生还需要浪漫、无畏和勇气。

所以，无论什么时候，我们都要告诉自己：这世上没有什么事是不可能的。至少在一开始的时候不要轻易对自己说不可能！

第三章

心理——清除成事路上的情绪障碍

第一节
负面偏好：为什么你总是不快乐

如果你可以设计生命，那么你必然会让它们对危险保持更高的警惕，因为一个生命如果对危险不够警觉，就很容易一命呜呼，因太过警觉而错失几次机会往往不会付出太大的代价。

这种逻辑几乎不用论证就能推断为正确，现实世界也确实如此：**动物对威胁及讨厌事物的反应，要比对机会及喜好事物的反应更快、更强烈、更持久。换句话说，生命对坏事的反应要强于对好事的反应。**

这种“**负面偏好**”被深深地写进了物种的基因中，毕竟对生命来说，生存大于一切。我们人类也是生命，所以同样深受影响。这种影响能让我们远离危险，有机会坐在这里阅读这本书，但它也为我们变得不快乐埋下了隐患。

负面偏好

设想下面这样的场景。

如果你是一个学生，带着一张成绩单回家，上面写着“一科优秀、两科良好、一科不及格”，你的父母极有可能在短暂地瞥一眼“优秀”和“良好”之后，把注意力放到“不及格”上。他们会追问原因、叹气失望，甚至动怒责怪，使空气中充满紧张的味道。你有四分之三的天气是晴朗的，而这四分之一的乌云却让整个天空都显得黑压压的。

我们都体验过这些场景：一天中的大部分时间都过得平安顺利，但领导的一句训斥、客户的一句责骂、爱人的一个抱怨、好友的一个误会……便让全天的心情蒙上了一层阴影。事实上这些“不好的事情”充其量只占全天事情的几十分之一，但它们就能如此霸道地占据我们的意识。还有那些过去发生的和未来可能发生的“坏事”，都会不自觉地让我们产生困扰。因为**“负面偏好”会使我们更多地注意负面信息和事件，不自觉地忽略大多数正面、美好的事情**。缺乏觉知的人，大多会在这种基因力量的操控下过着“身处美好中，却活在烦恼里”的生活。

而且，要想对冲一件坏事的影响，我们往往需要制造多件同等规模的好事。比如在夫妻关系中，一句批评的话所造成的伤害起码需要五个善意的行为才能弥补。所以，要想在受“负面偏好”影响的世界里过得更快乐，我们还得学会自我调节。

幸福适应

有人可能会说，遇到坏事那是运气不好，如果我们生活在一个没有任何威胁和烦恼的环境里就可以每天都很快乐了。这种想法很美好，但并不现实。

有观点认为，我们在过上无忧的生活之后确实会快乐一阵子，但很快就会回到原来的幸福基准线上。因为**我们的大脑是一个极强的适应器，当新的刺激出现时，神经细胞会产生强烈反应，但之后会逐渐“习惯”，在适应后，刺激反应会趋于缓和**。所以不管发生什么事情，我们终究会慢慢适应。

从大脑内部看，“适应”其实是一种平衡。大脑不可能让自己始终处于兴奋或消沉的失衡状态，因为在这种状态下，能量会很快耗尽，进而威胁到生存。出于自我保护，大脑会主动调节内部环境，使之达到某种平衡。

然而一旦达到平衡，也就意味着生活从动态变成了静态。**静态的事物又很容易被大脑忽略，因为动态的东西往往蕴含着新奇和危险，大脑对此特别敏感；而静态的事物意味着安全和无趣，为了节省能量，大脑会将其主动忽略**。换句话说，无论生活在何种幸福的环境里，你都有可能慢慢丧失觉知，视一切为理所当然，然后对其视而不见。

我们的大脑就是这样，在默认情况下，永远都会以现在已经适应的水平为基准来判断现实是更好还是更坏。

再看看我们身边的关系。我们总是对亲人的付出视而不见，理所当然地认为他们会一直对自己好；而面对陌生人时，只要他们态度不错，自己就很容易感动。但实际上，亲人和朋友对我们的付出是多过陌生人的，所以有人总结道：所有的感动都是陌生人带来的。

深察人心呐！

近大远小

联想人类的大脑构造，我们还会发现更有意思的东西（见图 3-1）：本能脑的首要职责是确保生存，因此它警惕危险，忽略其他；情绪脑喜欢新奇，因此它关注运动的事物，忽略静止的事物；而人类独有的理智脑虽然很高级，但它分析思考的优势注定使其紧盯问题不放——当自己是把锤子时，看什么都像钉子。

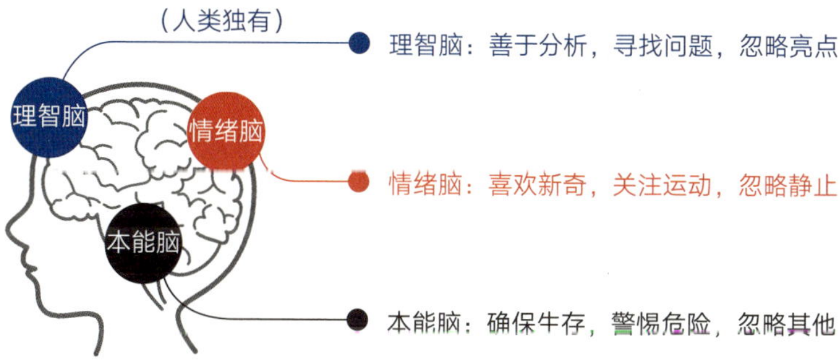

图 3-1　大脑的负面偏好属性——我们是天生的烦恼主义者

无论从哪个角度看，**人类的三重大脑都像问题的发现器和情绪的担忧器，而不是亮点的发现器和幸福的感受器。我们是天生的烦恼主义者——这是人类的又一大天性！**

而根据近大远小的规律，我们越关注的东西就越庞大，当我们眼中只有烦恼的时候，就意识不到这个世界是美好的，觉得到处都很糟。所以你若是觉得自己总是不快乐，请不要沮丧，因为你并不孤独，其他人也这样，这其实是我们的常态。

快乐，就是成为那条能看到水的鱼

然而，总有一些人能够有意无意地跳出常态，生活得更快乐，他们采用的方法也并不新鲜，无非就是运用了所有情绪高手都会遵循的共同法则：**善用不同的视角看问题**——既然基因和本能让我们不自觉地关注坏事，那我们不妨反其道而行之，试着多看看好事，毕竟我们生活在现代社会，生存不再是最重要的主题，生存得更好才是。

要想生存得更好，我们就应该主动做点什么。比如有“最有趣的理财书”之称的《小狗钱钱》就给了一个很好的提示。书中那只会说话的小狗钱钱，叫主人吉娅拿出一个本子，记录自己每天所有做成功的事情，任何小事都可以，每天至少写五条，并且把这个本子取名为“成功日记”。在成人眼里，这种做法有些幼稚，**但它是对冲人类“负面偏好”的利器，因为它可以帮助我们主动发现自己和生活中的亮点，弥补我们大脑天生的缺陷**。

吉娅就通过记录成功日记建立了自信。她在第一次做公共演讲时，心里非常抗拒和害怕，但当她翻开日记本时，发现自己原来有那么多成功的经历，立即就有了信心。

可不要小瞧这种做法（写下来）的威力，很多时候，人与人的差距就在于最后的一点行动，毕竟生活留给我们的东西足够多，只是我们自己不够留心罢了。

说到记录，我首先想到的是自己的每日反思。这个习惯让我受益匪浅，不过现在看来，它只是更好地帮我发现和解决了生活中的问题，仍然是问题视角。为了开启大脑的另一种模式——亮点模式，我在2019年11月毫不犹豫地开始实践“成功日记”，不过当自己真的去写的时候才发现，每天写五个亮点并不容易，但我坚信这样做是有用的，尽管我已经是成人了。

除此之外，我们还可以运用想象的力量。比如，当生活平淡时，我们可以**想象失去现有的东西会怎样**，这会帮助我们意识到生活的可贵，把注意力集中在自己已有的事物上。如果总是盯着自己没有得到的事物，恐怕会终日活在不快乐中。而一个不快乐的人，又怎能轻装上阵去追求和体验更好的生活呢？所以，“比较是偷走幸福的贼”这句话只说对了一半，因为这要看跟谁比了，如果与那些更不幸的人相比，比较就是送来幸福的天使。

当自己遇到烦恼时，我们则可以想象远离。根据远小近大的原理，再大的烦恼放到远处似乎也不算什么，而再小的幸福放到眼前也会变成大幸福。毕竟就数量而言，烦心之事在一天或一生中总是少数，我们不能让它们站得太近以致遮挡众多美好。就像你要是不小心被老板“骂”了，那就提醒自己这只不过是一天中的几十分之一而已，它不应该在你的眼前来回晃，而应该回到自己原来的位置上去。你还可以采用假设时间远离的方法，用三五年后的视角看待当前，你往往就会觉得眼前的烦恼变得无足轻重了。

总之，我们要善于体察身边平静生活的宝贵与美好。正如人们常说的一句话：“和平犹如空气和阳光，受益而不觉，失之则难存。”我们不能身在福中不知福，不能等到遭遇战火和动荡时才知道和平时光的宝贵。一个智慧的人不会等到自己真正失去了才后悔当初没有珍惜，他在拥有的时候就会主动平衡注意力，更多地关注自己已经拥有的快乐和幸福。

列夫·托尔斯泰说：“幸福的家庭都是相似的，不幸的家庭各有各的不幸。”但我想说：**幸福的人各有各的幸福，而不幸的人都是相似的，因为他们都是“身在水中却看不到水的鱼”**。

要想变得更快乐，就要成为那条能看到水的鱼。

第二节

二元对立：恭喜你走出二元对立，来到真正的成人世界

孔子是公认的大学问家，从古至今，他的思想深刻地影响了这个世界，所以我很好奇他是怎么成长起来的。搜来寻去，我在《论语·为政篇》找到了这句耳熟能详的话：“吾十有五而志于学，三十而立，四十而不惑，五十而知天命，六十而耳顺，七十而从心所欲不逾矩。”

寥寥数十字浓缩了他一生的成长心路，但对这段话的解读却众说纷纭。翻阅了诸多版本，我觉得阐释得最好的，是湖北省云梦县王保清的一段话。他说自己以前读这段话也不知道是什么意思，但在五十多岁的时候，联系自己走过的人生历程，突然有了顿悟。我读后极度认同，遂摘录如下。

“吾十有五而志于学”，意即到十五岁才知道下决心学习。小孩子一般七岁左右发蒙，但学习目的不明确，是懵懂的，不知专心致志地学习。从小就知道发奋苦读的小孩是极少数，孔子虽然后来成为圣人，但在十五岁之前也是

不知道发奋学习的。

“三十而立”，意即到了三十岁才懂得要立志做一件事情。即我这一生做什么，就像今天的年轻人确定做什么专业一样。一般人二十岁就确立了，孔子迟了，爱玩，他去当吹鼓手去了，直到三十岁才醒悟要干正事。三十而立，不是指三十岁就要成家立业或自立于世。

“四十而不惑”，意即到了四十岁才不犹豫，才不疑惑。三十岁确立了要干正事，干什么正事呢？今天想干这，明天想干那，拿不定主意，有疑惑。到了四十岁才坚定要干“兴灭国，继绝世，举逸民”“克己复礼”的大事。这个“不惑”，是指对自己的理想、志向、所认定的事业不疑惑，不三心二意，不是对任何事物、任何道理不疑惑。

“五十而知天命”，意即五十岁也没达到目标，才知道这是天意啊！四十岁坚定了目标，兢兢业业干到五十岁，在鲁国当大司寇，极力提倡“克己复礼”，但是也没干成，这不是自己不努力、不专心致志，而是天命啊！所以，知天命并不是五十岁能知道天的意志。

“六十而耳顺”，意即到了六十岁，什么话听起来都心情顺畅，不生气，都无所谓。因为大志向没实现，埋怨的、挖苦的、侮辱的、耻笑的，等等，都来了，甚至有的人骂孔子是“丧家之犬”，听得人心烦意乱，五脏六腑充斥着怨恨之气。直到六十岁才听着那些话感到无所谓，听着就像没听着似的。

“七十而从心所欲不逾矩”，意即到了这个岁数才真正得到了自由。大志向未实现，孔子便去研究《周易》，修订《春秋》，一直到了七十岁。这时候孔子的心理修养达到了最高境界，说话、做事想怎么样就怎么样，也不会违反道德、违反周礼。

我喜欢这段话，因为它并没有神化仲尼的圣人形象，而是说出了一个普通人成长的心路历程。大多数人都认为孔子三十岁自立于世，四十岁对世事没有疑惑，五十岁就知道了天的意志——这是对圣人形象的理想化畅想。

孔老夫子自己倒是非常谦虚和客观，他直言一生的失败和无奈，差点直说这就是人生真相了。尽管他在思想上和教育上的成就举世瞩目，被誉为万世师表，但在回顾一生时，他一直在强调两件事：一是知道自己想要什么并实现它，这件事并不容易；二是当一个人真正成熟时，他必然能在这个复杂的世界里包容万物、逍遥自在。这大概就是一个成熟的思想家在历经人生沧桑后留给我们的朴实无华的忠告。

时代变迁、物换星移，时至今日，这两条忠告仍然可以作为判断一个人是否成熟的标志，因为每一代人心智成长的规律几乎没有变。

可能你认为自己与众不同，坚信自己年纪轻轻就能功成名就，毕竟在机遇无限的新时代，有很多这样的励志故事。但如果仔细观察和体会现实，你会发现这样的故事只是极小概率事件。大多数追求“一夜成名”和“一夜暴富”的人，最终得到的往往不是绚烂的巅峰，而是沮丧和痛苦。可见，先贤的忠告是何等睿智。

对于“做成一件事并不容易”这个观点，我们会在本书中研习很多遍，现在我们来谈谈“做成一件事”需要的另一个特质：包容万物。包容万物这个词太高、太大，用来形容圣人倒是合适，但对我们这些初级成长者来说，这个词很容易让人不知所措。为了更接地气，我们还是从最接近的“二元对立”开始吧。

我们来自非黑即白的世界

“二元对立”这个词看起来很专业，但基本上属于那种不需要费力解释就能懂的概念。黑和白是对立的，好和坏是对立的，对和错是对立的……在二元的世界里，一切都非常简单，只有“是”和“否”。正因为简单，这种模式非常适合我们在孩童时期了解和适应这个世界：看电视，眼里只有好人和坏人；交朋友，心中不是喜欢就是讨厌；玩游戏，结局不是赢了就是输了……总之，好了就心满意足，不好就号啕大哭，很难有第三种可能，毕竟孩童时期的我们既理解不了复杂，也接受不了复杂。

非黑即白的二元对立如此简单，所以它构建了一个极为确定的世界，让我们可以快速轻松地认知这个世界上的大多数事物——它们几乎都可以用二元法来分类：男女、老幼、高矮、胖瘦、春秋、冬夏、晴雨、昼夜……

通常能解释越多现象的概念就越底层，二元对立自然也是一个底层规律，所以在这一点上，东西方文明不约而同地走到了一起：东方文明孕育出了“阴和阳”的太极思想，西方文明演化出了“0 和 1”的计算机器，它们都极其简单和稳定。

比如，在计算机的世界里，只有“0 和 1”（电路关或开）这两个最简单的逻辑门，所以尽管机器没有智慧，但它也能非常稳定地工作，不容易出错。如果再增加哪怕一个基础变量，这个世界就可能呈现出指数级的复杂和不确定性。

碰巧人类的天性也是追求确定的，面对不确定的事物，我们心里总是会感到不安或不适，所以在人类的孩童时期，非黑即白的世界很简单也很安全，于是全世界都在帮助孩童营造这种氛围——童话有确定而美好的结局，试题有确定而标准的答案，而父母也经常这样教育孩子：“你管好自己的学习就行了，其他的事不用你操心。”

我们终究要走向复杂的世界

我们的身体会如期成熟，长出喉结和体毛，丢弃奶声和稚嫩，当我们以准成年人的身份对待这个世界的时候，这个世界也会慢慢用真实的面貌对待我们。

父母和师长也不再过度保护，希望我们能更快地适应真实而复杂的世界。但现实中，人们会关注你外表的变化，忽略你内心的转变。有谁会注意到我们的思维模式仍然停留在二元对立状态呢？几乎没有！因为很多成年人自己也没有这种意识，他们都是从懵懂中硬走过来的，所以这种内外错位会导致年轻人在面对复杂世界的时候变得非常纠结和不适。

比如，读者“小杨仔”（高三学生）曾在咨询时说：“我觉得周围有些同学特别假，开玩笑也是有的没的乱讲一通，很无聊，自己想插话又不能，独处又显得很不合群，很痛苦。我愿意帮助别人，但如果知道对方有缺点，特别是熟人，我就一点帮忙的欲望都没有了。”另一位高三女生“ou”也说：“如果三人同行，其中两个人突然聊得很开心，我就会觉得第三个人被冷落了，很尴尬，所以会极力避开这种场面。”

而在成人世界，我们常常会这样说——

“他讲他的笑话、他拉他的手、他聊他的天，这不挺好吗？只要大家开心，我也喜闻乐见……”

“每个人有每个人的活法，只要没有影响到他人，犯不着为他不爽……”

“我自己还有一大堆正事儿要做呢，哪有心思去看不惯别人……”

成人可以忽略复杂和忍受混乱，甚至积极地改变自己，去发掘不利中的有利，比如忽略对方的情绪化但学习对方健谈的品质，或是尝试创造契机，营造所有人都和谐、亲密的氛围。这样一来，讨厌的事情不仅消耗不了你，你还能从中得到成长和滋养，或者说你根本就不会对这些事情感到厌烦——这才是高级的逍遥自在。

但在二元对立模式下，人们习惯只选取一端，完全排斥另一端，如果碰巧排斥的那件事是自己无法逃离和避开的，就会束手无策。因为**在非黑即白的世界里，人们只能容纳自己喜欢的事物，只能接受自己喜欢的秩序**。稍有扰动，外界局面就会让自己感到非常棘手，而内心世界也很容易滑向崩溃的边缘。

真实世界原本就是复杂的，如果一直活在二元世界中，我们的生存空间就会变得非常狭窄，因为越深入生活和社会，我们就会接触越多自己不喜欢的人、不喜欢的事。我们会遇到不喜欢的老板、不喜欢的同事、不喜欢的工作，会对年迈父母的唠叨不耐烦、对年幼孩子的哭闹心烦……如果对一切只有厌恶和排斥，那岂不是要郁闷一辈子?

所以，一个人的成熟必然要从“二元世界”走向“多元世界”，我们的思维也必然要从“二元对立”走向“多元互存”。如果不主动走出二元对立的世界，我们永远也认识不到这个世界的真实样貌，无法应对复杂和混乱的局面。

毕竟，这个世界是有层次的。

正如东方文明所云：无极生太极，太极生两仪，两仪生四象，四象生八卦，八卦衍万物……也如西方文明所示：0 和 1 的逻辑门可以演化出操作系统、办公软件、精美的游戏、宏大的互联网……

非黑即白的二元世界（两仪世界）只是在底层，它之上还会衍生出很多层次的世界，越往上越复杂。**而复杂，意味着更多的变化和不确定，同时也意味着更多的丰富和精彩。**我们要想领略生命的丰富和精彩，就要学会应对变化和不确定。

好在只要知道了“世界是有层次的”这个事实，我们就能从二元世界中跳出来了。我们甚至不需要知道具体该如何做，只要去审视、去反思，就能慢慢发生转变。

当然，有些提示还是值得参考的，比如读者“Leo”在问我在学习过程中该如何处理输入和输出的关系时，他就陷入了另一类二元对立的思维陷阱。他总是纠结于“是先大量输入再输出，还是通过输出倒逼输入”，似乎输入和输出必须分出先后，否则无法开始学习、提升。在分析他人的学习方法时，他认为“一部分人靠题海战术，另一部分人靠结果回溯”，这种观点将两种方式对立起来，似乎一个人只能使用其中一种方法。

我反问：“输入和输出为什么要有先后呢？为什么不能同时进行呢？输入和输出原本就是一个闭环，就像一个圈，要想让这个圈转动起来，输入和输出需要同时进行。**如果只输入不输出，就会堵塞；如果只输出不输入，就会断流。**而那些在学习上十拿九稳的佼佼者，虽然看起来各有侧重，但都脱离不了题海训练和总结思考。只依靠其中一条腿赶路，肯定走不稳，甚至还会摔跤。”很多时候我们受二元对立的思维影响之深，连自己都意识不到，但只要能觉知并从中跳出来，我们马上就会眼前一亮。

再比如，坚持非黑即白的人往往是没有耐心的，他们需要马上知道结果才能安定下来，否则就会六神无主、不知所措，因为他们忍受不了不确定性，所以作为恋人时会伤神、作为父母时会焦虑、作为孩子时会哭闹……背后原因无非就是希望马上得到明确的解释和答案。

而在复杂世界里，事情的演变需要一个过程，结果往往会有延迟，当下的局面往往并不是最终的结果，所以成熟的人并不急于得到即时结果，不会让当下的不确定束缚自己，而会保持适当的沉默和耐心，继续专注于手头的事情，等待最佳时机的到来。

归结起来，二元对立的人往往有以下特征：

- 不喜欢，就厌形于色；
- 找方法，却只取单一；
- 要结果，总急不可耐……

如果保持观察，我们还可以把这个列表继续拓展下去，限于篇幅，这里不再赘述。只要我们持续思考、持续练习，复杂和混乱就会为我们所用，一个广阔的精彩世界就会呈现在我们的面前。到那时，我们就能与几乎所有的人和事相处，在相处过程中不仅能情绪平和，还能成为认知上的智者。

在复杂的世界里做一个简单的人

很多人早已走出校园，在社会上闯荡多年，但未必敢说自己的心智真正成熟了。即使你现在是部门领导，手下管着一批人，或者为人父母，管教着下一代，如果没有自我觉知，你可能也依然生活在那个简单的世界里，眼中依然有太多看不惯的人和事，终日烦恼缠身。

如果你确定自己已经看到了二元对立之外的多元世界，那请接受我的恭喜，因为这是成长的一大步。不过，在你迈出下一步之前，我觉得有必要明确两个误区。

第一个误区是试图抛弃二元对立。二元对立虽然让我们十分纠结，但它依然是这个世界的重要组成部分，是我们应对这个世界的工具。很多时候，二元对立思想依然很有用。比如，当你在千头万绪中无法平衡和取舍时，可以将难题简化为“做与不做”两个选项，然后快刀斩乱麻，迅速决策并行动，这样可以防止我们在复杂的世界里犹豫不决。

对于二元对立观点，我们没有必要唾弃它、抛弃它，**我们要学会在简单世界和复杂世界中来回穿梭，而不是只取其一**，否则就又陷入了二元对立的思维陷阱。二元对立本身没有好坏，关键看我们如何对待和使用。

第二个误区则是担心失去自我。很多人认为，在追求个性的年代里，保持自我就是只接受自己的观点和想法，因此，他们会有以下担心：一旦接受了别人的观点和想法，或是强迫自己去做不愿意做的事，会不会丧失自我呢？自己要是和每个人都合得来，那岂不是很没有个性？

我理解年轻人的心情——要做纯粹的自己，不想跟看不惯的人“同流合污”，因为丧失自我是不可接受的。不过，走出二元对立并不是要你成为别人心目中的样子，它既不需要你和对方成为密友，也不需要你发自内心地喜欢对方，你只需要在观念上接受他们，允许自己不喜欢的人和事出现在自己身边，能够忽略或忍受一定程度的混乱，与之和平共处，仅此而已。

如果更进一步，你还可以从他们身上发掘值得学习的品质，或从不利的环境中找到对自己有利的因素。这样的反转可以让自己无往不利，但前提是你要走出二元对立，接纳某些自己不喜欢的事情。

至于究竟该怎么做，现实会给你答案。你选择做自己也好，接纳他人也好，还是二者兼有，最终能让你发自内心地感到愉悦和平静，并让你稳步提升的，就是最好的方式。

不用担心失去自我，因为你不必成为一个复杂的人。你只要能够觉知复杂、接受复杂、拥抱复杂，就能享受这个复杂的世界中精彩的一面，从而在这个复杂的世界里做一个简单的人。

第三节
一劳永逸：想要一劳永逸？还是死了这条心吧

下次你吃花椰菜的时候，记得多关注它一下。

因为，它有毒！

是的，这个被普遍认为味道鲜美、富含维生素 C，还具有抗癌功效的蔬菜，竟然有毒！我知道这样说肯定会惊掉一些人的下巴，就像我自己最初也被惊到一样，为了避免被人说是造谣，我还是具体解释一下。

花椰菜虽然富含抗氧化物，但通过饮食摄入的抗氧化物水平，远远无法起到抗癌的作用，人们食用花椰菜之所以会更健康、更长寿，是因为其含有的毒素——萝卜硫素。这些毒素原本是为了阻止昆虫或其他动物啃噬植物的，但在花椰菜被我们食用之后，毒素便随之进入了人体内，不过由于剂量很小，对人体的伤害并不大。但毕竟是毒素入侵，身体依然会拉响警报，激活细胞内的应激反应，这些应激反应包含酶促反应，而酶促反应会增加抗氧化酶的含量。这才是吃花椰菜使我们变健康的真相。

当然，大多数人即使知道了这个真相，也不过是多了一个知识点而已，但这背后还隐藏着一条重要的成长路径，如果我们能意识到并深挖它，就能主动改善自己的生活态度，减少人生路上的愁云困苦，保持生命活力。

好的生活是始终游走在舒适区边缘

通过花椰菜的知识，我们知道影响人健康的关键不在于是否有危害，而在于危害程度如何，换句话说：**太大的压力和没有压力都不是好事，适度的压力才是**。

这是一个非常重要的启示！

在生沽中，人人都在追求一劳永逸的无压生活，但长久的无压生活显然不是最佳选择，毕竟没有压力的伴随激励，我们很快就会陷入生理退化、精神空虚、思维衰退的境地，所以从成长角度看，**压力其实没有好坏之分，但有轻重之分，适度的压力反倒是我们保持活力的重要基石**。

这与我们内心追求一劳永逸的思想多少有些出入，但接纳了这一点，我们面对压力的态度会发生有益的转变。毕竟，在漫长的人生中，压力无从避免，现在，我们终于可以通过上述观点来正视压力、运用压力了。如果运用得当，我们甚至还会乐于面对压力。当然，这里的压力特指“适度的压力”，就是那种既不是很大也不是很小的压力。

读过《认知觉醒》的朋友一定还记得图 3-2 中的内容。

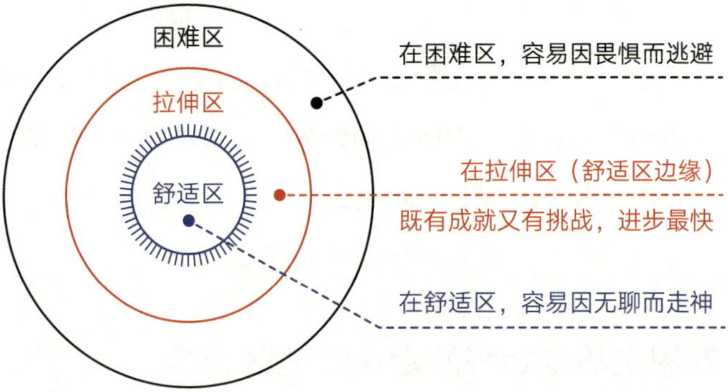

图 3-2　舒适区边缘

能力圈法则告诉我们：一个人成长进步最快的区域在自己能力舒适区的边缘，太困难或太舒适的区域都容易让我们止步不前。

如果我们把能力圈替换为压力圈，这个规律同样成立：太大的压力或没有压力都会使我们生活不幸，适度的压力则能让我们的人生获得源源不断的幸福。

换言之，好的生活是始终游走在舒适区边缘。让自己处于有点压力但刚好能承受的状态，这或许才是我们应该追求的常态。所以生活中有点小压力、有些小约束、有点小焦虑……或许是好事，这会让我们的相关机能保持警觉，不会因麻木而退化，还能因此变得更好、更强。

当然，那些专业人士，比如音乐家、运动员等，他们想要快速走到专业领域的前沿，必然会选择在靠近困难区的边缘练习，每次练到力竭。尽管他们在承受更大压力的同时会收获更多的进步，但原则还是一样的：不贸然进入困难区，否则也可能产生反作用。对我们普通大众来说，只要敢于在舒适区边缘游走，再辅以时间的力量，就足够了（见图 3-3）。

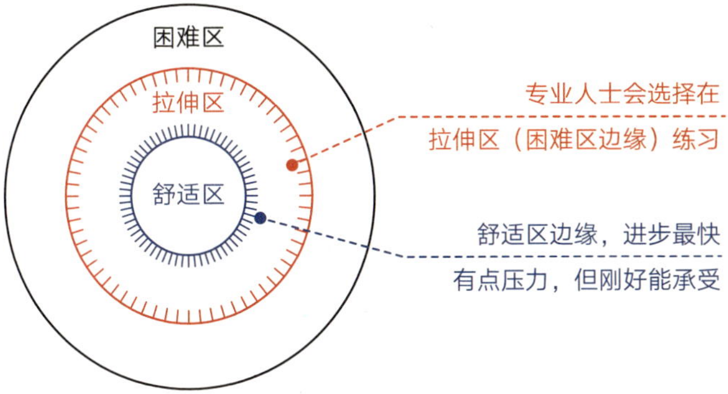

图 3-3　承受压力的区域

无压的世界不值得留恋

尽管我对压力的利弊做了理智的分析，但估计你在情感上也不会买账，毕竟谁不希望自己永远或长期生活在没有压力、没有焦虑的舒适环境中呢？就连童话故事也会用“王子和公主从此过上了幸福的生活”来结尾，这显示了人们对永恒幸福的潜意识追求。虽然我们都知道童话故事只是一种理想化的畅想，但对一劳永逸的无压生活依然十分向往：我们希望找到一份事少、钱多、离家近的工作，最好是“铁饭碗”，从此高枕无忧；我们希望找到一个容貌佳、家境好、性格优的伴侣共度余生；

我们希望实现财富自由，从此随心所欲。

“等我哪天实现了这个目标，就可以告别辛苦，开始享受了！”这种思维模式极其符合我们追求确定性的天性，但它就像一个毒苹果，初咬一口觉得很甜，但很快就会神经麻痹，滑向危险之地。这并非危言耸听，因为它违背了一个基本定律：一切事物都会自然“熵增”。

“熵”这个字太过专业，对一些读者来说显得很不友好，尤其组合为“正熵”“负熵”或“熵增”“熵减”之后，更让人一头雾水。不过，当你知道**熵是表示无序程度的量度**时，就能理解了：**因为正值大于负值，所以正熵表示更无序，负熵表示更有序；而熵增和熵减自然是指趋向无序和趋向有序的过程**。

比如，冰是水的固体形态，它的分子位置固定，井然有序，熵值最低；变成液态水后，分子开始流动，秩序消失，熵值变大；变成水蒸气后，分子四处乱窜，一片混乱，熵值最高（见图 3-4）。

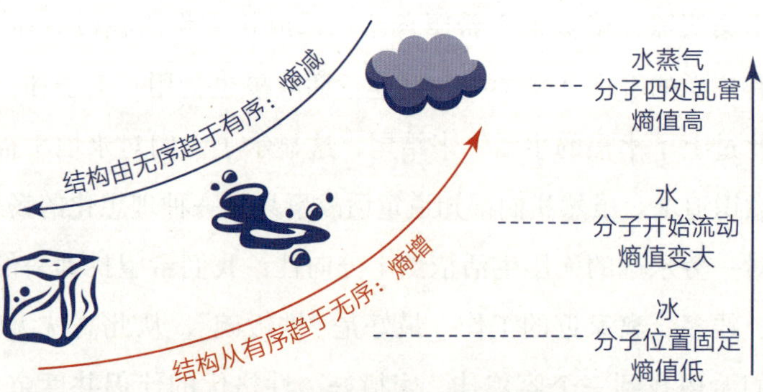

图 3-4　用水的形态类比熵的概念

熵增的本质其实就是热力学第二定律。热力学第二定律指出，能量会自发地从多处向少处、从高处向低处传递。传递过程中，事物的浓度趋于降低，结构趋于消失，有序趋于无序。也就是说，**如果我们不主动输入能量去维护，这个世界上的万事万物会趋于混乱和无序、瓦解和消亡，包括我们的身体、技能和认知**。这个世界上并不存在固定不变的舒适区，只要中断新能量（物质、信息）的输入，舒适区就会逐渐消失、瓦解。

所以，一些人在有了稳定工作后逐渐开始消磨自己的奋斗意志，而这种心态导致他们停止学习、浑噩度日，以致在面临新的挑战时无所适从；一些人在找到满意的伴侣后，觉得没必要再持续完善和提升自己了，这种心态导致他们成长停滞，无法与对方同步，以致出现情感危机；一些人在实现财富自由后，觉得没必要再克制节约，开始沉迷享受，以致失去目标、空虚无聊，最终跌入低谷。

进入了舒适区，我们可以暂时松一口气，但不能一松到底，因为**舒适区的消逝和瓦解“不以人的意志为转移”**。很多时候我们意识不到这一点，因为这个消解的过程往往并不明显，特别是在增长大于消解的时候，我们更是难以察觉实际状况，这一点可以从我们身边的很多现象中观察到。

一个很有意思的现象是：假如你劝二十几岁的年轻人早起锻炼、少吃垃圾食品或不要熬夜，通常都会被他们当成耳边风，因为他们新陈代谢和恢复精力的能力正处于顶峰，此时，增长大于消解，即使不运动、吃垃圾食品，他们也能保持匀称的身材和紧致的皮肤；即使通宵熬夜，睡一觉也能立马恢复。一旦到了一定的年龄，就算没有人催，一些人也会主动想着锻炼和养生，因为此时其生理顶峰已过，能力曲线开始下行，消解开始大于增长，即使每天清汤寡水也很容易发福，稍不注意就会有肚腩。

可见，舒适区的消解无时不在、无处不在，不仅生理上如此，技能和认知上也是如此。《刻意练习》的研究者指出，训练引起的认知和生理变化要想持续，就不能停止训练，一旦停止训练，它们便开始消失。也就是说，我们通过辛辛苦苦的训练培养的绘画、演奏、写作等技能一旦荒废，就会退化。因为大脑中相关脑区的神经不再受到刺激，神经关联就会减弱，原先建立的连接也可能慢慢断开。所以，这个世界上没有能够长期逗留的舒适区，贪恋舒适区必然会走向退化。当我们长时间觉得生活没有压力和挑战时，危险可能已经潜伏在身边了。

刻意保持适度的难受

古语说，人无远虑，必有近忧。这句话反过来说也是成立的：人无近忧，必有远虑。

当我们长时间处于舒适区时，各项机能退化消解，直至遇到真正的危机，我们才会逼迫自己从低谷开始努力，但巨大的压力会迫使我们想要更多、想要快速见效，于是我们又陷入了巨大的困难区。在这种情况下，我们要么焦虑至极，低效努力，始终在低谷黯然徘徊；要么奋力拼搏，重回高峰，但也元气大伤。当我们再次达成目标后，可能又会大松一口气，然后待在新的舒适区内等待恢复，毕竟没人愿意持续高强度地拼搏。周而复始，形成了大起大落的波浪式成长轨迹（见图 3-5）。

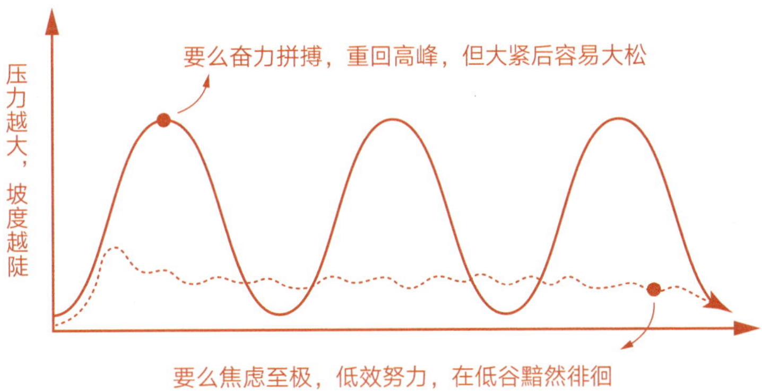

图 3-5　一劳永逸的心态导致大起大落或一蹶不振

聪明的成长者会采用更加合理的策略——无论自己面临巨大的外部压力还是处于舒适区，他们都会刻意保持“适度的难受”。比如，当自己面对巨大的外部压力时，他们会放弃一些欲望、降低一些期待、调整一些目标，或换个环境来减压。

我的一个减压秘诀就是**尽量不要同时设定很多目标，主动降低期待，不急于看到成果**。这一秘诀非常奏效。因为不管是外部的还是内部的，只要目标或欲望一多，我们必然会焦虑丛生、急于求成，而在面对强大的惰性时，我们也要学会主动跳出舒适区，通过持续输出和创造给自己加压。

因此，我极力提倡大家无论干哪一行都要想着去创造点什么。有了创造意识，我们就会主动走到舒适区边缘，无论身体、技能还是认知，只要有作品的引领、反馈和激励，我们就会乐此不疲，精进不止。这样的努力虽然不会快速见效，但可以让我们在高峰期和低谷期都保持耐心、稳健，避免大紧后的大松，最终形成持续积累的上升曲线（见图 3-6）。

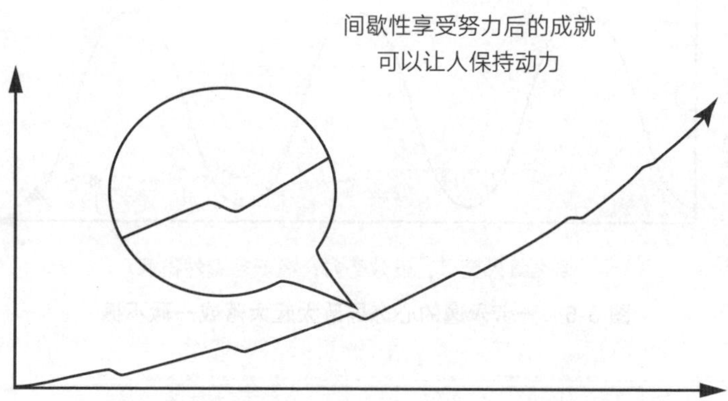

图 3-6　刻意保持适度难受，享受的是间歇性成就

如图 3-6 所示，我们会发现它呈现了一个相对平缓但持续上升的状态，但过程中我们并非没有享受。因为每达成一个小目标或获得一个小成就时，我们都会间歇性地获得一些正面反馈。这些反馈带来的成就和动力，让我们愿意再次走到舒适区边缘，继续行动。正如我在写作过程中体验到的那样：每次打磨一个主题，我都逼迫自己在舒适区边缘待一到两周；而每次发布一篇深度文章，我都能收获大量的正面反馈，激励自己继续向前迈进。如此反复，乐此不疲，我既能忍受这样的“痛苦”，又能持续扩大舒适区。这种成长模式没有一劳永逸的保障，却有享用不尽的乐趣，长久坚持，它就会与一劳永逸的模式形成鲜明对比（见图 3-7）。

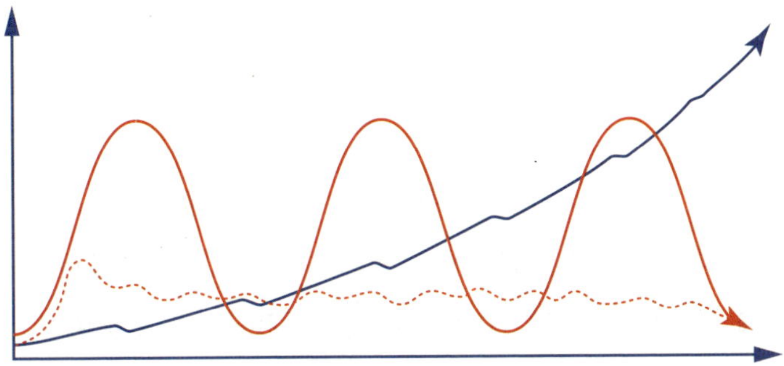

图 3-7　一劳永逸的模式 vs 刻意保持适度难受的模式

可见，适度的难受是成长提升的催化剂，真正的美好也在于努力之后的收获与成就，而非长久的无压。只要我们刻意建立这种心态，就能从这个策略中长久受益。

控制的艺术

这是一种控制的艺术——把压力控制在舒适区边缘，让自己处于有点压力，又刚好能承受的状态。

不过总说“有点压力”还是太笼统，到底什么程度才算处在舒适区的边缘呢？我们不妨参考罗伯特·威尔逊等人的研究。

他们在《最优学习的 85% 规则》这篇论文中计算得出：生活和学习的最优值是 15.87%，即无论生活还是学习，其“甜蜜点”是每次加入 15.87% 的难度和意外。或者说，好的状态（熟悉的部分）约占 85%，困难的状态（有挑战的部分）约占 15%。

当然，这只是个参考数值，如果不追求精确，我们可以借用“二八法则”，即每次做到当前最佳水平，再加一到两成的吃力程度，比如跑步跑到有些气喘，阅读读到有些烧脑，写作写到有些力竭。

总之，必须让自己的身体、思维和认知都受点挑战和“伤害”，这样，它们才会启动警觉和修复机制，就像通过运动锻炼了肌肉（产生酸痛感），在身体修复之后我们会变得更强壮。

尽管这一到两成的附加努力无法在短时间内给我们带来可观的变化，但可不要小看它，因为从长远看，它产生的收益会非常可观，而我们的成长也正好是一件长久之事。

下篇 做成一件事的技法

第四章

策略——方法和路径

第一节
认知驱动：做一个真正的长期主义者

每到新年伊始，人们就开始暗下决心，制订来年的目标和计划。对此我通常是不鼓励的，甚至我还经常劝人不要在新年的时候做计划，**因为真正的目标和动力来自我们对一件事情清晰而长远的认知，而非某个特殊的时间点**。

热衷于在新年制订目标和计划往往基于对过去的不满，我们希望来年会有所不同，但多次失败的经历告诉我们，新计划出炉的那一刻确实让人动力满满，但过不了多久，我们就会陷入苦苦的毅力支撑，然后不了了之。

如果你真想让自己有所不同，不妨用这些时间来做另一件事——运用认知的力量驱动自己。这比毅力驱动要好，而且很可能让你达成目标，成为一个真正的长期主义者。

看清机制

说起认知驱动，我自认为还是很有发言权的，毕竟我在这个领域已经写了不下百篇深度文章。然而当我试着去解释它的概念时，却发现原以为可以脱口而出的东西在开口时竟吞吞吐吐，这种“心里知道但又说不出来”的尴尬让我很怀疑自己是否真的理解了。

就在我一筹莫展的时候，一本名叫《这书能让你戒烟》的书点醒了我。作者亚伦·卡尔这样介绍戒烟法。

大多数人无法成功戒烟的主要原因是不清楚烟瘾形成的真正机制，只好依靠意志力戒烟。单纯依靠意志力的努力往往是盲目的，所以人们会反反复复地起念，又反反复复地失败。一个人只有在彻底了解了烟瘾的来龙去脉、看清了吸烟这件事的本质之后，才会从心底里觉得抽烟是一件极不划算的事情，才能不靠意志力轻松地把烟戒掉。

这让我一下子回过神来。想当初我也是一个做啥啥不成的人，但开始写作后，我竟一口气坚持做了早起、冥想、阅读、写作、跑步这五件事。这不是因为别的，而是因为我通过写作彻彻底底地**学习了相关理论，清楚了背后的机制**，比如，从《4点起床》这本书中我知道了REM睡眠理论和关于睡眠节点的知识，于是早起逐渐成了我的默认选择；从《财富自由之路》这本书中我知道了冥想与元认知能力的关系，于是冥想也慢慢成了我的必修课；从《运动改造大脑》这本书中我知道了运动最大的好处不是健身而是健脑，自然我也不愿意错过这个“人生正相关”的起点……

事实上，真正开启我主动成长机制的契机是我从《暗时间》这本书中得知了人类大脑原来是由本能脑、情绪脑和理智脑构成的。这个三重大脑理论，让我一下子看到了人们在成长过程中面临的几乎所有的困惑，诸如缺乏耐心、急于求成、无法专注、沉迷娱乐、低效学习等，这些问题都能从中得到解释。

这种清楚原理机制后的恍然大悟，会让人忍不住走向探索和实践之路。因为**当我们通过原理机制彻底看清做一件事的好处时，便会觉得不做这件事是一种损失**。知晓了原理机制，我们自然也就有了具体的方法论，这会实实在在地增强我们做成这件事的信心，因此，行动、持续行动并成为一个长期主义者也就成了自然而然的事。

如果你也希望成为一个长期主义者，那就应该多花时间去了解这件事。至少去读一读相关书籍，了解一下相关领域的专业人士，而不是在新年的时候用10分钟写下一年读50本书这样的目标和计划。**看不到具体好处和方法的目标非常单薄，它无法支撑你度过一年，甚至三个月。**

寻找意义

看清机制还不足以定义认知驱动，毕竟这仅仅是智力层面的力量，成为长期主义者还需要第二种力量的加持——寻找意义。它可以激活情绪层面的力量，让情绪脑这台动力强劲的发动机为我们所用。

《有效学习》的作者乌尔里希·伯泽尔在谈到如何学习时曾说：“我们都愿意从事自己认为有价值感和意义的事情，因为动机是学习活动的终极动力，也是掌握任何一项技能的第一步，而获得独特的价值感和意义最好的方法就是**主动去描述目标与自己的关联，换句话说就是调整看待事物的角度，看到这件事情的长远意义**。”

如果没有意义的加持，那么就算我们知道做这件事情很有好处，内心也不会真的接受。比如读者“徐紫衣”在咨询时告诉我，她曾经坚持早起三年，因为早起在大家眼里是个很好的习惯，但三年后的某一天，她突然不愿意早起了，因为她始终不清楚早起对于自己到底意味着什么，很多时候早上起来她甚至不知道用这些时间来做什么。可见，如果我们只看到目标本身，就会为做而做，动力不会长久；如果我们看到目标之外的更多意义，动力就会完全不同。

就我自己而言，写作这件事的意义绝不仅仅是保持每天输出、思考、写出“10 万 +”，或是写出一本属于自己的书。写作的意义是让我建立起属于自己的认知世界，并借此唤醒更多希望改变的人。如果有很多人能够从我的文字里受益并改变，我便愿意写上一辈子。所以我也相信：乔布斯的真正目标不是生产苹果手机，而是改变世界。

一个人的成就往往在他的眼界之内，一个人在现实世界中能走多远，其实在他心里早就标记好了。就像史蒂芬·柯维在《高效能人士的七个习惯》中说的：“任何事都是两次创造而成的——先在脑中构思，然后付诸实践。”我想，这种构思不仅仅包括如何实践，更包括如何思考意义并进行自我心理建设。这涉及你想通过这个目标成为一个什么样的人，你希望给这个世界带来什么样的价值和贡献。如果你愿意多花时间去思考这些事情，你就能调动自己的潜意识力量帮助自己行动。

这一点非常重要！因为潜意识由本能脑和情绪脑掌控，它的力量要比意识的力量强得多，所以我们的成长其实可以分为显性的“能力成长”和隐性的“心理成长”，当心理成长滞后于能力成长时，会限制能力的突破。这也是为什么当我们变得更好，而潜意识没有接受的时候，我们就会搞砸计划，变成原来的自己。

寻找意义就是在训练我们的潜意识，让它领先于我们的能力，牵引我们前进，而不是躲在舒适区拖后腿。所以，要想成为一个长期主义者，就要刻意、主动地多花时间，建设内在的自我，而不是别人说什么自己就信什么。

现在反思一下你自己的目标和计划，是不是只看到了目标本身呢？如果是，那就去寻找意义，而寻找意义的一个好办法就是下一节提到的“写下来”。

感受好处

看清机制、找到意义确实可以让人眼前一亮或心潮澎湃，但万物都受时间流逝的考验。

正如亚伦·卡尔所言：“每一个戒烟的人都知道戒烟的理由是什么，问题在于第二天，第十天，第一万天，当你的理由不是那么充足时，如果手边碰巧有一支烟，你就会突然恢复之前的状态。”

没错，在时间的力量下，机制会变得疲软，意义也会变得模糊，日复一日的重复会使我们不可避免地陷入“例行公事”的境地。你肯定觉得第158天早起不如刚开始那样有趣了；你肯定觉得第275天跑步更像一种坚持，而不是一种享受；你心里或许早就没有当初的那种动力了，坚持只是不愿让自己内疚，不愿被人视作言行不一的人。

那如何在重复中感受乐趣和动力呢？这的确是长期主义者需要解决的“最后一公里”问题。好在亚伦·卡尔依然给了我们解决这个问题的提示，他说：“戒烟的核心在于意识到戒烟不是一种牺牲，不是一种权利被剥夺，而是一种收获与解放。”换言之，如果你在做一件事情的时候感觉到自己是在坚持，其实就有牺牲感了。你会觉得早起是在牺牲温暖舒适的被窝，阅读是在牺牲手机娱乐的轻松，锻炼是在牺牲舒适慵懒的时间……

然而，这种视角其实是错误的，因为我们的注意力天生受负面偏好的支配，会不自觉地忽略习以为常的好处，并盯住痛苦不放。所以我们应该学会转换视角，把注意力主动放到收获上：每早起一次，就又可以让自己享受一次宁静的世界；每阅读一次，就又可以让自己的思维密度增加一点；每锻炼一次，就又可以使身体里的各种激素水平达到平衡，充满活力……

这些好处不是假想出来的，而是确实存在的，只是我们不自觉地忽略了。而当我们关注好处时，那些阻力仿佛就变小了。

这一小小的改变可以让我们尽情地活在当下，提升生命质量。

当然，以上说的只是培养习惯的场景，如果我们的目标是培养一项技能，感受好处的最好方法就是不断用这项技能去产出作品、打磨作品，然后换取正反馈。无论你的目标是弹琴还是画画，总之，要想办法去产出作品，并利用这个时代最大的福利——互联网去展示自己，获取别人的肯定。一味地学学学只会让你觉得索然无味，但只要你用作品示人，你就会想办法打磨它。尽管创造的过程会让你感到有些困难，但最终换来的正反馈会让你在精进的路上乐此不疲。

成为一个长期主义者

人生最好的模式是长期乐观、短期悲观、当下愉悦。看清机制、寻找意义，就是让自己长期乐观；而在短期内，我们需要在舒适区边缘持续拓展，这必然会令人悲观痛苦；但只要学会转换视角、换取反馈，我们就能时刻感受好处，让自己保持当下愉悦——这正是一个长期主义者最好的人生模式。

然而，不是所有人都有机会成为长期主义者，大多数人只能在短期内反复尝试。他们不知道做成一件事的方法论，只能凭感觉行事，任由欲望驱动自己——别人说什么好，自己就也想要，然后简单地制订一个目标和计划，再凭毅力苦苦支撑，最后又在新年伊始时暗下决心，如此周而复始。

现在，我们终于有了认知驱动这个武器，即无论在开始，还是在过程中，我们都要多花时间在这三件事情上：**看清机制，防止盲目努力；寻找意义，注入长久动力；感受好处，体验当下愉悦**。

有了这样的指导，我们就会持续学习、持续思考、持续行动、持续感知，同时也必然会把自己的目标导向那些少量的、有真正价值的长远目标，并最终成为一个真正的长期主义者。

第二节
写下来：我们都低估了“写下来”的力量

在接受了诸多咨询和提问后，我发现一个很有意思的现象：很多问题的解决方案竟然是一样的，而且都很简单，那就是**写下来**。比如以下场景。

“无法掌控自己的情绪怎么办？”我：“写下来！”

“经常分心走神不专注怎么办？”我：“写下来！”

“行动力不强总是拖延怎么办？”我：“写下来！”

“没有自己的人生目标怎么办？”我：“写下来！”

“想问题很肤浅没深度怎么办？”我：“写下来！”

这样的对话很多，不过当我只是简单地抛出“写下来”这个结论但并没有说明原因时，你肯定觉得这只是我个人的经验之谈，不足为信。事实上，“写下来”背后有丰富的科学原理支撑，如果你能从根源上了解这一方法，或许就会发自内心地实践运用，从而快速摆脱困境。现在就让我们一起来看看，为什么“写下来”会有“包治百病”般的神奇魔力。

“写下来”是情绪的调节器

首先申明，这里说的“写下来”是指“把想法写下来”（包括用笔写下来和用键盘打出来），而不是专业的“写作”。实践这一方法不需要什么文笔或基础，只要会写字或打字就可以拥有这种力量。那么对普通大众来说，“写下来”最大的好处是什么呢？我想，莫过于它能化解自己的糟糕情绪了。

2019 年 1 月，读者“王棋”和我说过这样一段经历。

> 有一次，我朋友被领导批评，情绪特别低落。**在自己无法消化情绪的时候，她就用笔一条条写下自己真实的想法，写下自己到底在难过什么。**在把真实想法一条条写下来并想清楚之后，她就觉得没有那么难过了，觉得领导的批评是有道理的，是在帮助她改掉问题、提升专业能力，只不过这个事实被批评后的难过情绪包裹了。我当时特别吃惊：竟然还可以用这种方法消解自己的情绪！我被批评后总是会一直陷在情绪中，从来没有理性分析过自己到底在难过什么。看来高手解决问题的方式都是相通的。

为什么“写下来”会有这样神奇的作用呢？因为当情绪产生时，理性便会退居第二位。我们都知道，人类情绪脑的力量比理智脑要强大得多，所以情绪在大脑中得到处理的优先级远高于理性思维，但情绪脑在智能上又远远落后于理智脑，它只能将遇到的事情粗糙地分为“有利的”和“有害的”，所以情绪一旦极端化，它就会在模糊的“有害端”反刍那些负面事件，也就是我们说的陷在情绪里走不出来。

但是，书写自己当前面临的负面事件，就可以调动更多的理性资源帮助我们整理思路，使处理情绪思维的优先级暂居其后，同时，书写这一行为可以激活大脑皮层的语言区和书写区，使我们对当前遇到的负面事件有一个更为具体和清晰的认识，所以书写可以让负面情绪得到一定的缓冲，使人慢慢地恢复理智或理性。

我在平时的每日反思中也深深地体会到了这一点，因为无论当天遇到什么难过的事，我都会把它们写下来复盘，所以即使没人帮助，我也能疏导情绪，而且往往还能从负面事件中找到积极的视角和看法。

《开放心胸》的作者杰米·彭尼贝克通过幸福实验也发现，**运用书写来表达自己情绪的人更加健康**。因此，他同样建议：一旦你的生活出现了问题，就拿出笔和纸把事件的经过、自己的感受、为何会有这样的感受，一五一十地写下来。在过程中不用修改、不用检查，更不用管语法或句式对不对，只要放手去写就好了。

同时他还强调，写下来之后一定要让自己回答以下两个问题。

一是：这个事件为什么会发生？

二是：我能从中汲取什么教训？

书写的意义不只是宣泄怒气，更在于找出意义，所以表达即消融，表达即清醒。无论你遇到什么不愉快的事情，如果想更好地解决问题，那就拿出笔纸或键盘来疗愈自己吧。

“写下来”是专注的聚焦器

其实，就算没有极端情绪的影响，我们也未必总能集中注意力去做重要的事。随便回顾一下生活中的片段就会发现，大多数时候我们都会杂念丛生，心中翻腾着各种欲望、担忧、顾虑或焦虑。

2005 年，美国国家科学基金会通过调查发现：普通人脑海里每天会闪过 1.2 万至 6 万个念头，其中 80% 的念头是消极的，95% 的念头与前一天完全相同。[①]

可见分心走神是我们的常态，而且人有负面偏好，会不自觉地把注意力放到那些“坏事”上，所以在日常生活中，我们会天然地陷入分心走神状态，很难进入心流状态。那如何在生活和工作中保持专注呢？

写下来。无论在什么场景中，如果你无法静下心来做事，那就坐下来写下你心中的念头，想到什么就写什么，连续写上 5 分钟，你就能集中注意力了。如果你在学习的过程中总有杂念闪现，也没关系，把它们写在边上的本子上，哪怕只用一句话

① 《普通人每天会有 6 万个念头，其中 80% 毫无意义》，发布于 36 氪百家号，原作者为本杰明 · P. 哈迪。

描述也可以，因为这样做**可以启动元认知，清空我们的“工作记忆”**。

所谓“工作记忆”，就是我们所有可用的脑力资源。它非常有限，大概只有七个单位，也就是说，每个人脑中大概只有七个脑力小球可以帮助自己进行思维活动。而那些烦恼、顾虑、担忧等无用的念头会轮流占用这些资源，就像一台电脑在后台运行了很多程序。所以要想让大脑集中精力、火力全开，就得想办法结束这些无用的进程，而结束进程通常只有两个办法：

一是在现实世界中完成它，让事情闭合；
二是在虚拟世界中审视它，让进程结束。

显然，很多念头是无法在现实世界中立即完成的，所以“写下来”就成了在虚拟世界中打消它们的不二之选，因为它可以帮我们开启元认知，审视这些念头存在的理由和必要性。只要把可信的理由“说”给它们听，它们就能接收信息，认识到自己没有存在的必要，从而主动释放进程，退出工作记忆。而工作记忆一旦被清空，人的精神熵就会迅速降低，于是就具备了进入极度专注状态的条件。

这也是人们常说“先整理心情，再处理事情”的原因。

“写下来”是行动的发动机

就算你心中毫无挂念，就一定能拥有强大的行动力吗？

未必！

因为真正的行动力不是意志力，而是清晰力[①]。也就是说，即便我们清空了工作记忆，如果不清楚下一步具体应该做什么，同样会行动模糊。**在这种状态下，我们会觉得做这个也行、做那个也行，最后往往会在强大天性的支配下选择做那些最简单、舒适的活动——娱乐**。

这也是为什么很多没有生活压力的人活得并不幸福，因为他们虽无压力，但也无力做成那些能够成就自己的困难之事。要想在顺境中主动掌控命运，就要防止自己陷入“选择模糊”的状态。而消除“选择模糊”最好的办法就是把下一步的行动或计划写下来（见图 4-1）。

通过写下具体的日程，把自己约束在特定时间内的特定事件上，我们就不需要在过程中再花脑力做选择了。而且写下明确的日程相当于和未来的自己达成了一种协议，这种协议就是一种承诺。人一旦许下承诺，潜意识就会倾向于保持前后一致，所以这种写下来的习惯会让行动力大大提升。

① 请参考《认知觉醒》第六章第一节“清晰：一个观念，重构你的行动力”。

使用后全景

日期 2018.8.2 星期 四　　① 待办事项

✓ ~~写作《清晰力》~~	④ ~~取快递~~
② ~~阅读《今日简史》~~	⑤ 标题图制作
③ ~~每日反思（梦境）~~	⑥ ~~网购火车票~~

② 计划完成		③ 实际完成	
5:30–7:00	跑步+洗澡 [1:00]	5:50–7:10	跑步+洗澡 [0:50]
△ 7:00–7:30	阅读 0:30（0:30）	△ 7:10–7:30	阅读 0:20（0:20）
△ 8:00–8:30	反思 0:30（0:30）	△ 8:00–8:30	反思 0:30（0:30）
8:30–10:00	电视电话会议	8:30–10:00	电视电话会议
△ 10:00–11:30	阅读 1:30（1:20）	△ 10:00–11:30	阅读 1:30（1:10）
11:50–12:30	手机+购火车票	11:50–12:30	手机+购火车票
12:30–13:00	午睡	12:30–13:00	午睡
△ 13:00–15:30	写作 2:30（2:00）	△ 13:00–16:00	阅读 3:00（2:30）
15:30–16:30	理论考试	16:00–17:30	理论考试
△ 16:30–17:30	写作 1:00（0:50）	17:30–18:30	晚饭+取快递
……	夜间安排省略	……	夜间安排省略
	△ 8:10（6:50）+[1:00]		△ 7:30（6:00）+[0:50]

如果不约束自己，先做重要的事情，

那些不重要的事情就会占据你的时间！　　菲尔·瑞塔

④ 备注

G7456　17:19–18:41　3车14B

图 4-1　日程规划

“写下来”是目标的出发地

对成长来讲，消除情绪、保持专注、提升行动力其实都是细枝末节，真正重要的是找到自己的人生目标。一旦我们找到那件茶不思、饭不想都愿意去做的事，我们的生活就会自带平和、专注、高效的属性。然而，找到自己的人生目标并不容易，很多人都没有意识到自己始终活在无目标的状态中。

比如，在一次关于人生目标的咨询中，我要求读者“贺Y”告诉我他的人生目标，结果他沉默了一周才回复我：“那天你问我改变的目标时，真的一下子蒙了，原来不知不觉中，我已经过上了得过且过的生活，我居然一直处于这样的状态。”另一位读者“落F”也这样回复：“我思考了两天，还是没能写出清晰的人生愿望。”

不信的话，你可以自己试试。可能你觉得心里有目标，但真到动笔的时候就不是那么回事了——**要么写不出，要么写不清**。

因为写下来要求你把那些模模糊糊的想法变成非常清晰的文字，这个从模糊到清晰的过程就是“想与写”之间的距离。如果你能清晰地写下来，往后的人生或许会变得些许不同。

当然，做这件事最大的困难是，你不确定写下来的是不是自己真正的目标，或者根本写不出来，停在那里不知如何继续。如果你遇到这种情况，请谨记一条原则：**一定要先假设一个最接近的目标**。这个目标是否正确并不重要，只要它是目前最接近的，那它就可以帮助我们先行动起来，然后带领我们走向下一个更接近的目标，直至真正的目标出现。

实际上多数人的人生目标都不是一开始就出现的，而是在持续的实践试错中慢慢浮现的。所以这种利用假设来消除模糊和不确定性的方法，是一种极好的成长策略。除了上面的日程规划，这条假设原则也同样适用。如果你不确定下一步该做什么，那就按照最大的可能性先假设一个。你会发现，仅仅一个假设也会大大增强你的行动力。

当然，如果你希望自己更进一步，那我建议你再花点时间写一写对人生目标的认识。也就是**想办法从各个角度发现做这件事情的好处与意义**，因为当我们看到的好处和意义越多，做成这件事情的概率就越大。而发掘好处和意义最好的方式就是用笔或键盘描述自身与目标之间的关联。

“写下来”是思考的挖掘机

最后，再说一说如何用写下来的方式提升自己深度思考的能力。深度思考的能力从本质上来说其实就是输出的能力。

- 没有输出能力的人只会在脑中想，但不会说；
- 输出能力弱的人可能会说，但不一定能说清楚；
- 输出能力强的人通常都会写，而且还能写清楚。

“想、说、写”之所以代表不同程度的思考能力，是因为这三种活动关联知识的数量和密度是不同的。很多时候，你会发现一件事情或一个道理自己脑子里想得挺明白，但让你说的时候你会磕磕巴巴；如果再让你写下来，你就会无所适从，感觉逻辑非常不清晰，所以书写是锻炼深度思考能力最有效的方法之一。

无论是把心中的困惑写下来（表达清楚问题），还是把脑中的想法写下来（表达清楚思考），都会最大限度地调动脑中的知识储备，产生更多的关联，让我们不断突破自己的脑力局限，让那些模模糊糊的、呼之欲出的、似是而非的、捅破窗户纸就可以洞察的时刻，变成我们的“啊哈时刻”[①]。

可见，写下来的力量是强大的，时常这样练习，你的思考能力和表达能力都会在潜移默化中得到锻炼和提升。如果你还能把每次新学的知识通过自己的语言重新描述出来，那你就可能在深度学习的路上领先他人。

写下来还有另一个好处，就是可以反复修改，直到能用最合适的语言表达最多、最准确的含义。就像本节一开始也只有几个零星的思考点，我甚至担心篇幅不够，但经过数周的持续打磨，我竟查阅了 4 篇文章、6 本书、20 多个读者咨询的对话，最后把“写下来”这个主题翻了个底朝天。“写下来”这三个字在我这里又有了全新而独特的意义，清晰又深刻。

如果你真正体会到了写下来的好处，我相信你肯定会对这种能力爱不释手。而且你一定会越来越不满足，然后在某一天拿起手中的笔，迈向写作的殿堂，用它去创造一个属于自己的世界。毕竟“写下来”只能让自己变得更好，而“写作”还可以对外产出有价值的作品，让他人变得更好。

不要低估“写下来”的力量，更不要低估“写作”的力量。只要你写下了第一笔，就有机会开启人生的无限可能！

---

① 即 Aha moment，又译作“爽点”“顿悟时刻”。

第三节
假设：什么能力可以让自己快速进步

一个人要想变好，不仅要有强烈的愿望，还要有科学的方法，二者缺一不可。如果光有愿望没有方法，人们的欲望就会变成焦虑；而只知道方法但欲望不强，人们的行动也会变得机械，陷入为做而做的境地。所以只有愿望和方法同时具备，一个人才能快速进步。

然而，现实中的大多数人都是愿望有余而方法不足，他们强烈地希望自己变好，但总是苦于自己能力缺失，诸如：缺少独立思考，凡事缺乏主见，没有人生目标，学习效率低下，情绪波动无常，遇事逃避退缩，总是急于求成，无法做成事情，等等。

这些困境就像一个个怪圈，使人们无论怎么努力都像在原地打转。不过在我看来，这些困境其实不难打破，因为它们的解决方法都涉及两种基本能力：**“敢假设”**和**“看现实结果”**。如果我们能有意识地掌握并运用这两种能力，就可以将类似的困境一网打尽。

这听起来有些夸张，毕竟“假设”和“现实结果”这两个关键词看起来并不起眼，但我可以先告诉你结论：它们威力巨大。如果你不信，那就听我细细解说，相信它们一定会成为你快速改变的有力抓手。

假设，是一切进步的开始

阻碍我们进步的原因众多，但其中最主要的，通常是我们所做之事有很多模糊性和不确定性。这点毋庸置疑。如果摆在我们面前的都是清晰确定的路径和明确可期的结果，想必每个人都能大踏步地向前迈进，而实际生活中，这种情形少之又少。我们总是处在复杂而困难的事情中，不确定自己想的是不是对的，不确定自己说的是不是对的，不确定自己做的是不是对的……所以我们止步不前，因为逃避模糊和不确定性是人类的本能。

但困难之时正是进步之机。如果此时有人敢直视模糊、敢于对不确定性做出脑力范围内最大限度的“假设”，那他就能更大概率地突出重围，获取更多人生优势。

这么说还是太抽象，不如看些例子吧。

比如，我每次写文章都是这样开始的。起初脑子里非常模糊，难以下笔。但即使如此，我也会假设那个极其简单甚至没有逻辑的想法是对的，然后“逼迫”自己写下能描述它的句子。这些句子可能是一些文法不通的话，也可能只是几个关键词的组合，但没关系，对我来说，只要写下来就是进步。接下来要做的，就是在这个基础上再次进行“假设”，一点一点地修改、丰富、完善，最终它总能呈现全新的面貌。如果我担心自己写不好，不敢假设性地写出第一句话，恐怕写作路上早就没有我了。

我也经常用这个方法辅导女儿学习。比如，她写作业遇到阅读理解或作文时就会习惯性地卡在原地并向我求援，但我不会直接帮她，而是让她先说一个自己认为的答案，或者口述一下作文的大致想法。此时，她总是畏惧地摇摇头说：“我真的想不出来。”我再鼓励她：“没关系，你再想想，哪怕能说出一个词也行，不管怎样，你得先有一个自己的答案。”然后她慢慢地开始动脑，说出一两个词或一个粗糙的小故事，我再继续鼓励她想出更多的词。渐渐地，她开始找到思路，最终凭借极少的外界帮助，自己完成了作业。

我还将这种方法用在读者的咨询中。以前读者向我提问的时候，我都会直接把想到的“答案”告诉对方（当然，我的“答案”也是我自己做出的假设）。后来我改变了策略，**请读者就自己的问题先提出一个可能的原因或解决方案**。有趣的是，很多时候还没等我给出建议，对方就会恍然大悟：“噢，我明白怎么回事了……”这时，我就会特别得意，因为这个“假设策略”既节省时间和精力，又让对方收获了思考和答案。

事实上，在向读者提供免费咨询的近三年时间里，我个人分析问题、解决问题的能力得到了极大的提升。因为遇到了很多超出认知范围的咨询，所以我常常尝试调动所有知识去假设一个可能的答案。

比如，读者“酒酿”（一名实习护士）就问过我一个困扰她很长时间的奇怪问题，她说：“不知道为什么，我的行动总是快于脑子，就是在医院做事的时候，脑子还没有想好，脚就开始不受控制地乱跑乱窜起来，等我反应过来的时候，我就会很疑惑自己刚才在干什么……”

作为局外人，第一次听到这样的描述时我也很疑惑，但我还是尽量调动自己所学，并结合之前与她聊天的信息给出了一个假设性的回答：“我想，这个下意识的习惯可能与你在实习时承受的压力有关。记得你之前说护士长经常批评你，特别是当她说你手脚不利索的时候，你心里会特别恐慌，所以为了改变外界对自己‘笨手笨脚’的印象，你的下意识会让身体第一时间动起来，这样至少不会让自己看起来是待在原地没反应的状态。”结果她惊讶地说：“我的妈呀，我要哭了。您说得对，就是这样的，我自己都没有意识到。”

这样的结果让我也感到意外，虽不一定完全符合事实，但让双方都得到了好处——她解决了问题，我收获了经验。

假设策略不仅可以用在学习、思考上，也可以用在生活、成长中。很多读者在读了《认知觉醒》后都开始实践“每日反思”“日程规划”或开始寻找自己的人生目标，但在实践的过程中，他们总是因很多“模糊和不确定”卡在某处，诸如以下情景。

- 每次反思复盘的时候，想不清问题的原因怎么办？
- 进行每日规划的时候，总有不确定的干扰怎么办？
- 寻找人生目标的时候，怎么都找不到方向怎么办？

事实上，这些问题通通可以用“假设”这个利器来解决：

- 反思的时候想不清问题的原因，那就本着极度坦诚的态度，先假设一个自己认为最可能的原因；
- 规划日程的时候如果有很多随机干扰，那就以最大可能为标准，先假设一个具体的计划；
- 找不到人生目标的时候，不妨将所有选项列出来，并将那个目前认为最可能实现的选项假设为目标。

关键不在于对错，而在于你得先有一个“想法”。只要我们能够依据当前所有的知识和可用信息，先做出一个假设，我们就不会卡在原地，就能够继续向前迈进。更多新信息必然会在后续的行动中慢慢浮现，如此，我们就有了快速进步的可能。

掌握了这些要领，我们就可以自主解决很多生活中的实际问题。比如，你意识到自己在生活中是一个缺乏主见的人，想改变，怎么办？很简单，你只需在每次需要表态的时候，利用当前所有可用的理由和依据，先假设一个自己认为最正确的观点。**即使它不一定正确，即使你不一定要说出来，你也必须有一个观点**。时常这样练习，你的主见就会慢慢变强。

可见，假设可以消除模糊，让你的思考更深入；假设可以消除阻碍，让你的行动前进一步。经常进行假设练习，可以提升你的分析能力、判断能力、解决问题的能力，进而提升你掌控生活，甚至是创造幸福人生的能力。

当然，你肯定很担心自己的假设会出错。关于这一点，我认为你完全不必担心！因为从某种角度而言，这世间所有人的想法其实都是假设，即使是对你最有帮助的想法也只是假设，而不是板上钉钉的事实。《好好学习》的作者成甲也说：“**我们所有的观点、结论，本质上都是一种假设。观点和结论的好坏，取决于我们的假设与事实相符的程度。**”所以我们无须盲从他人的态度和观点，也不必盲目否定自己的态度和观点，反正大家都是在假设嘛。重要的是，我们得有敢于假设的意识，无论对错，先练习起来。即使假设错了也没关系，只要我们多总结、多修正，保持头脑开放，始终用最新、最可靠的理由和依据来支撑自己，就可以不断革新自己的假设，使自己的态度和观点越来越接近事实。

这也是为什么我们要持续阅读、持续学习。因为书中的观点虽然也是作者们的假设，但他们的正确概率通常更大。所以当我们自己的假设能力还不是很强的时候，学会“**借用**”**书中高人的假设**就非常明智，这可以使我们少走很多弯路。

在《认知觉醒》中，我也强调过这个理念。

> 如果你觉得别人讲的道理有理有据，而自己暂时无法

反驳，碰巧自己又非常想做这件事，那就相信他们说的是对的，然后笃定地行动。在实践途中，你自然也要保持思考，用行动反复验证他们的理论，不适则改，适则用，直到自己真正做到为止。

可见，假设，是一切进步的开始，是快速进步的阶梯。如果你勇于跨出这一步，并有意识地将假设的方法运用到生活各处，你的生活必将有所不同。

那么，一旦我们做出假设，又该如何判断它是否正确呢？

答案很简单：看现实结果。

现实结果是最好的评判师

这是我经常对人说的一句话，因为生活中很多人做事不看现实结果。这么说或许让人难以接受，但这确实是阻碍人们进步的另一大原因。

比如在读书这件事上，很多人总是对读完书之后记不住内容感到很痛苦，他们经常发现，一合上书就忘记读了什么，有时读到最后，自己能想起来的只有一两个点。这与他们期待的“全盘记住、全盘吸收”落差巨大，导致他们对阅读这件事的体验极差。

事实上，如果我们能学会“看现实结果”，就会发现“记不住或忘记大多数”其实就是现实常态，这就是我们的真实能力。

不信的话，你现在可以去看看那些自己阅读过的书，你会发现在合上书的情况下，能想起书中的某一句话或某一两个观点就很不错了。如果你的生活因某句话或某个观点发生了真实的改变，那这本书对你来说就已经非常值了。

我自己的成长就是从看到并接纳了这个现实后开始突飞猛进的。大概在开始写作半年后，我就放弃了“全盘记住、全盘吸收”的妄念，假设每次阅读只能记住一点点，然后主动降低心理期待，告诉自己：**只要书中有一个点触动了自己，并让自己的生活发生了真实的改变，这次阅读就是有效的，这本书就是超值的**。于是阅读这件事立即变得轻松愉快起来，我也能把注意力从阅读量转到改变量上，这样的转变反而加速了我的成长进步。

再比如，很多人在做每日规划的时候都喜欢把计划排得满满的，甚至连休息娱乐的时间都没有。结果一天天下来，发现自己总是完不成任务。一盘点，十件事可能只能完成两三件，因为很多任务的用时都大大超出了自己的预期。这必然会让人沮丧，甚至让人破罐子破摔，直接放弃计划去娱乐了。但即便如此，下次做每日规划的时候，他们可能依然不吸取教训，依然坚持之前的模式，结果再次事与愿违。

事实上，只要我们多看几眼现实结果就知道自己每天能做多少事情。此时我们应该主动接纳现实，降低心理预期，只做两三件最重要的事，并给生活留出足够的闲余。只有这样，我们的生活才会变得更加从容、高效、平衡和愉悦。

现实似乎总在提醒我们不要高估自己的能力，告诉我们能学的东西其实很少，能做的事情也很少，当现实一次又一次给我们相同的反馈时，我们就应该静下心来关注这个事实。因为这背后很可能就是我们人类急于求成的天性在作祟，所以一个清醒的人应该对现实结果保持坦诚，接纳每次进步微小的现实，接纳行动初期笨拙的现实。只有开始接纳现实，真正的进步才会到来。

此外，"看现实结果"还可以提升我们的判断力和决策力。比如，很多想学写作的人常问我要不要报名参加网上的写作训练营，我通常都这样回答："你可以报一门喜欢的课尝试一下，但一定要注意现实结果，因为在没有训练营的时代，很多人同样可以成为写作大师，而现在很多人即使报了训练营也没有写出什么名堂，可见参加训练营并非写作的核心条件，千万不要将全部希望寄托于此。"

这个道理同样适用于报其他网课的人。很多人为了提升自己买了很多网课或专栏，多到自己根本学不完。虽然他们心里清楚这样做不好，但每每有新课出来的时候，他们依然纠结要不要去购买。如果一个人对现实结果坦诚，他就能轻易做出决定——不买。因为现实结果已经告诉他很多次了，买了课也没时间全部学完，学了也无法将其全部用到实际生活中去，买的课学不完反而会让自己变得更焦虑。

包括那些希望实践早起、断食、跑步的人，如果对此犹豫不决，那就看看现实结果。因为这世上很早就有人在实践这些事了，他们不仅活得很好，还在广泛传播这些好习惯。当然，最好的办法是亲自去试一下，看看自己的实际变化和感受，看看自己的体检结果，这比任何说理更直接有效。一旦我们能借助现实结果看清本质，就不会被表象蒙蔽了。

注意事项

毫无疑问，“敢假设”和“看现实结果”就是促使我们快速进步的奥秘。如果你愿意深入实践它们，那我建议你再看看以下几个注意事项，因为你早晚会用到它们。

一是学会将观点与情绪分离。

这一点主要是指：当我们在“借用他人假设”的时候，不要因为对其本人的主观偏见而否定他的有益思想。比如觉得某些人行事作风不符合自己的认知标准，就对他们的思考嗤之以鼻。如果抱有这种心态，我们将错失很多成长进步的机会，因为这好比“把孩子和洗澡水一起泼出去了”。

同理，当你读到一本口碑很差或评分很低的书时，也不要鄙夷地将它拒之门外。更好的做法是，保持开放的心态去翻一翻、读一读，或许书中有那么一两句话触动了你、改变了你，那也是很有价值的。就算没有什么收获，自己也不会有什么特别的损失，至少你知道了不应该把文章写成这样，同时你增加了识书选书的经验。学会将他人观点与主观情绪分离，那么你眼中就不会有所谓的“烂书”或“烂人”，你就能从万事万物中学习。

二是明确培养习惯和技能不能马上看到真正的结果。

比如，跑步的真正好处就不是马上能体现出来的，我们不能用一两天或者十几天的现实结果来评判跑步这件事有没有用。如果你实践的活动是为了培养习惯或技能，那它们都需要相对长时间的持续行动才能看到真正的变化与好处。所以在这些活动的行动量达到一定程度之前，不要轻易将眼前的现实当作判断依据，因为它们并不准确。

“敢假设”和“看现实结果”是一对绝佳的组合，它们几乎适用于所有场景。无论是治国、治商，还是治学、治人，都会用到这个底层方法论。所以你在前行的路上，请一定记住这句话：**假设是一切进步的开始，现实结果是最好的评判师**。

第四节

降低期待：命运一定钟爱那些愿意慢慢变好的人

今年春节，我见到了刚满周岁的小外甥。他刚会站立走路，这让我有机会观察人学步时的情景。

一开始，他只能站立，而且站着的时候会紧握双拳、颤抖不止，像是要抓住什么东西好让自己保持平衡一样。看得出，一个非常简单的站立动作在他眼里也是相当困难的，稍不注意就会一屁股坐到地上。

几天后，他能踉踉跄跄地走起来了，但转弯的时候必须像圆规一样，以一只脚为圆心，另一只脚一点一点地转，稍快一点就会立即倒地。不过，他对自己的笨拙和跌倒毫不在意，也不理会旁人的笑声，双手一撑又起来继续朝想去的地方走去，如此反复，乐此不疲。

在一起度过的二十多天里，我能感到他稳了起来，但变化不是很明显，走路时依然跌跌撞撞。**不过可以肯定的是，几年**

后他一定会像我们一样走得既快又好，可以轻松准确地控制自己的身体。

这让我不得不感叹，原来我们最初就是这样做成一件事的：在面对一个全新的领域时，我们能毫不着急、毫不畏惧、毫不气馁，始终欢快地往前走，并且最终成功了。长大以后，我们却总是在学习一项新技能或进入一个新领域时遭遇焦虑和失败。因为我们总是想要太多、急于求成、害怕被嘲笑，遇到打击就觉得自己肯定做不好，于是没走几步就停下了。

从幼儿到成人，很多时候我们竟从“成事者”沦为“失败者”，这真值得我们好好反思一番。虽然成年人的世界不像孩童的世界那样无压和宽容，但不得不说，儿时的两个品质非常值得我们学习。

一是只做刚需之事。正如走路这件事对孩子来说就是生活的刚需，因为他们必须学会走路才能拥有行动自由。所以他们有很强的学习欲望，愿意持续练习；又因为真正的刚需并不多，所以他们的目标也很聚焦。

二是没有期待之心。由于孩子是懵懂的，不知道什么是害怕与恐惧，所以他们既不在意前进的挫折与失败，也不在意他人的眼光和评价，更不要求自己在短时间内必须掌握。他们只关注自己当下的点滴进步和喜悦，在时间的加持下，最终掌握了诸如走路、说话这样的全新技能。

这其实就是普通人成事的秘密，但在我们长大之后，这些宝贵的品质却不知不觉地被丢掉了。我们总想同时做很多事，又想马上看到结果，还特别在意他人的评价，以致看不到进步就会烦躁，遇到退步就自我否定。如此说来，现在的我们要想更好地改变自己，还得回头向幼时的自己学习呢。

不过这没什么丢人的，这只是一种回归罢了。如果我们能主动回归幼时的自己，回归那种允许自己慢慢变好的状态，那我们依旧可以从容地做成任何想做的事情。

主动降低期待，是欢快行动的窍门

稍微观察一下就会发现，**我们长大后的多数烦恼都来自对自己和他人的过高期待**。不信的话，你可以觉察一下自己的焦虑情绪，其原因无非就是自己当下的期待超出了实际能力。而且这些原因都可以被归结为“数量”和“难度”两种类型。

就“数量”而言，很多人都是同时想要很多，才导致自己心神不安、无法专注工作或学习。比如，很多读者的烦恼都是下面这样的。

> 最近积压了很多任务，感到时间不够用，心里越想高质量地完成所有的任务就越完不成，对此很焦虑，该怎么办呢？
>
> 既想一次性完成论文答辩，又想提前找工作，结果哪头都无法投入，很纠结……

凡遇到这类情况，我都会建议他们主动降低期待，放弃或暂时搁置那些不重要、不紧急的任务。因为很多任务其实都是我们自己的欲望强加给我们的，就算暂时放弃天也不会塌下来。相反，我们在主动放下那份不切实际的期待后，反而可以安静下来，专注于眼前最重要的事情。

当然，你可能会说有些事情是自己没办法选的，比如考试压力，我们总不能放任不管吧？事实上，如果我们对某一次考试真的心有余而力不足，那还不如降低期待，告诉自己最差的结果无非就是没考好，然后本着重新开始，能学多少就学多少的心态，把多出来的都当成惊喜，这样我们反而不再担忧害怕，能静下心学习。类似地，当我们遇到畏惧的人和事时，不妨假设自己最担心的事情已经发生了，此时心理预期在低谷，我们反而能放平心态，从容面对。

主动削减欲望、降低期待的目的在于让自己丢掉精神包袱、轻装上阵，毕竟焦虑只会让我们停滞不前。

另外，**就“难度”而言**，很多人无法成事都是因为忍受不了最初阶段的笨拙和失败。比如，读者“江风”说：“冥想好难啊，我每次都分心走神，感觉自己好没用。”我问他练习多久了，他说：“七天。”读者“Yang”说：“早起好不适应啊，感觉每天上午都会犯困。”我问他早起多久了，他说：“四天。”我听后的第一反应就是：这才几天啊，做不好当然很正常！

不过我也没有资格去批评他们，因为急于求成是人的天性，我自己也经常陷入这种境地。比如前段时间为了陪女儿玩三阶魔方，我们一起学习了“基本公式”——用这种方法可以在2分钟左右的时间内复原魔方。后来我看到魔方达人用“高级公式”在30秒内将魔方复原，觉得很酷，于是付费购买了视频教程开始自学三阶魔方的高级公式。

高级公式共有119条，其中相对简单的F2L公式就有41条，虽然它们之间存在规律，老师讲得也很好，但对我这个新手来说还是很抽象，我经常记混。学到第三四天的时候，我发现自己的速度非但没有提上去，反而更慢了。我在复原过程中不是反应不过来就是弄错，手指也非常笨拙，还不如用基本公式来得快。当时我感到非常懊恼，甚至开始自我否定，觉得这41种情况简直太复杂了，自己根本记不住。

就在我准备放弃的时候，我想起春节期间小外甥学走路的情景，猛然意识到自己真是太急于求成了。为什么才几天时间，我就想要突飞猛进呢？为什么不允许自己反复失败呢？为什么不能用更长的时间去掌握呢？

几个反问之后，我焦急、低落的情绪立即消失了。**我回想起技能学习的本质就是通过大量的练习使大脑中的相关神经元产生连接并形成强关联的过程。这个过程在初期必然是非常缓慢的，因为它们之间还没有形成顺畅的通路。但只要持续练习，这些连接就会越来越多、越来越强，最终形成一张高效的网络，使自己在某天开始加速并突破**。所以，我坚信只要给自己足够的时间去练习，就一定会对41种场景形成肌肉记忆，达到不用动脑也能自动上手的程度。就像我坚信小外甥长大之后一定能轻松准确地控制自己的身体一样。

从那以后，我开始降低期待，决定用至少 1 个月的时间去学习 F2L 公式，且每次只要求自己学会一条，再用 3 ~ 6 个月的时间去练习。如果想不起来就反复看视频讲解，直到把它们牢牢记住，然后一有空就把魔方拿出来练习（正好可以打发很多碎片时间）。

事实上，20 天后我就能快速识别大多数场景，手指的灵活度也提升了很多。现在我对手中的三阶魔方已经有了轻松的掌控感和浓厚的兴趣，再也没有之前的挫败感了（本书定稿时，我已经掌握了全部 119 条公式）。

这段经历也让我对今后学习掌握其他技能有了巨大的信心并获得了指引，因为**只要我在遇到困难时能主动降低期待，允许自己一次只做好一件事，允许自己在开始的时候进步缓慢，甚至反复失败，允许自己花更长的时间去练习，就一定能做成这件事**。

这个方法论对大多数人适用。如果你认真实践，就一定会对“少即是多，慢就是快”和“无欲则刚”这两句话有更深、更新的理解。

主动降低期待，是长久幸福的秘诀

针对以上内部场景，主动降低期待可以说是我们获取成就的窍门。对于外部的人际、婚姻、生活、成功等场景，主动降低期待同样是我们获取幸福的秘诀。

关于这一点，还是从我和女儿的故事说起吧。一个周末，她叫我陪她打乒乓球，但我心里并不愿意，因为她连发球都不会，只喜欢胡乱地打来打去。如果陪她玩，那整个过程基本上不是在丢球，就是在捡球，这对我来说实在是太无趣了。但说好要好好陪伴，我也只能硬着头皮陪她玩。

就在我机械挥拍的时候，我察觉到了这种低落的情绪并开始审视。很快，我找到了原因——我对女儿的心理预期太高了。因为在心里，我总是希望与一个和自己水平相当的人玩，正是有了这种预期，我才会在陪女儿时有一种成年人玩过家家的感觉。

想到这里，我立马开始调整心态，主动降低期待，把这场陪玩当成一次入门教学。我把自己当成教练，给她创造最好的接球条件，并鼓励她达到连续 10 次不丢球的目标。结果她打得越来越好，我也越来越投入，最后两个人都很有成就感，玩得非常开心。

由此，我也意识到**所谓的耐心或好脾气很多时候就是适当降低期待**，无论是对孩子还是爱人，都是如此。我们平时对孩子的责骂、对爱人的抱怨，归根结底都是在以自己过高的心理预期去衡量对方、要求对方，忽视了对方的能力和感受。

有趣的是，对越亲密的人，我们的期待往往越高，要求也越苛刻，因为我们总是希望他们更好，容不得一点错误。但这种期待往往让我们变得不够幸福，经常会被一点小事弄得鸡飞狗跳，导致不必要的情绪消耗和波动。特别是在婚姻生活中，一方的期待越高，其幸福感就越低，因为他（她）总觉得对方应该对自己怎样怎样，如果对方不符合自己的预期，自己就会不开心。

所以很多过来人都这样劝诫后来者：**你要一开始就把自己想成是一个人，没有父母、没有子女、没有配偶、没有朋友、没有任何人的帮助，这样，后面的一切都会让你觉得无限惊喜。**这种主动把自己的心理预期降到最低的做法其实就是对“心理锚定”的积极运用——幸福取决于你锚定的对象是谁。

《清醒思考的策略》的作者罗尔夫·多贝里在书中说过他在修道院经历的一次“心理锚定”。他说那里的餐具都放在一个棺材造型的黑盒子里，吃饭时人们必须打开“棺材”的盖子才能拿出餐具。这个过程会向人们传达这样的信息：你其实已经“死”了，现在发生的一切对你来说都是额外的馈赠。有了这样的心理预期，人们就会更加珍惜光阴，不会将时间浪费在激动的情绪上。

叔本华也说过：“人生的幸福不是寻求快乐，而是没有痛苦。”即使我们在某一领域取得了成功，也应该时刻保持觉察，时常对不断上调的心理期待进行清零。因为世间获取幸福最简单的方法就是主动降低心理期待。

主动降低期待，不是自我放弃

你心里肯定早就有了这种怀疑：主动降低期待不会让自己丧失斗志、活在自己的舒适圈里吗？不会让自己成为一个无原则的顺从者吗？

其实不会，**因为任何观点都有适用范围，都需要满足前提条件才能成立，换句话说，任何观点都是对的，只是它们在自己的前提条件之下**。而“主动降低期待”的前提条件就是：我们本就是希望变好的人。如果我们不求上进或不希望自己幸福，这点当然就不适用了，相反，我们还得想办法激发自己的欲望和期待。而你现在正在读这本书，说明你有强烈的成长欲望。

不过，“主动降低期待”和“希望自己变好”看起来相互矛盾，这又作何解释呢？关于这一点，我们应该听听美国作家菲茨杰拉德的观点，他说：检验一流智力的标准，就是看你能不能在头脑中同时保留两种相反的想法，还能维持正常行事的能力。**我认为，检验一流心理的标准也是如此——看一个人能不能在心中同时容纳两种相反的期待，还能正常行事**。

事实上，当我们能够同时容纳两种相反的想法和期待时，我们往往能把事情做得更好。因为一个人如果只有欲望（希望自己变好），则会急于求成或暴躁刻薄；只有理智（主动降低期待），则会动力不足或顺从纵容；但如果能让二者同时在线、协调作战，就可以取长补短、相互成就。

这样的人必定心态开放，并表现出这样的品质：既强烈地希望自己变好，又能稳住自己慢慢前行；既能做最好的准备，又会做最坏的打算；既能好好地爱他人，又能好好地爱自己。

命运一定钟爱那些愿意慢慢变好的人

诚然，这世上有人会得到命运的偏爱。他们天赋异禀、能力超群，可以不费吹灰之力做成某些事情，但这样的人必然是少数。如果你确定自己不是这类人，那就坦然接纳现实，主动降低期待，像一个刚会走路的孩子那样，允许自己慢慢变好。

虽然成年人的世界并不容易，但从一生这个尺度看，我们还有足够的时间允许自己慢慢改变。只要你愿意在一个有价值的领域持续经营，并对自己和他人降低期待，命运也一定会特别钟爱你。

第五节
深度练习：跨越从普通到卓越的分水岭

从某种意义上说，要想获取人生幸福，最简单直接的方式就是练就一项技能，让自己在某方面拥有独特的优势。如果你在某一方面比绝大多数人都擅长、出色，在成就感的加持下，你做这件事时一定会更加从容和幸福。

然而，在获取人生优势的道路上，多少人的心境是求而不得呀！无论自己内心多么希望变好，无论怎么用功努力，有时就是无法让自己变得与众不同。这种感觉就像面前横了一道无形的分水岭，难以跨越。

如果你有这种体验和感觉，那很正常，因为普通与卓越之间确实存在一道无形的分水岭，只是大多数人看得并不清楚。现在，就让我用两个人的逆袭故事帮你勾勒它的模样，然后我们一起想办法跨越它。

史诗般的高考逆袭[①]

某年 5 月的一个下午，一位高二男生在学校操场上焦虑地绕圈踱步。此时上课铃声已经响起，但他没有走向教室，反而走到了更僻静的地方。

他在思考一个问题，而且下定决心要把它想清楚。因为他当时的成绩只有 400 多分（总分 750 分），前程堪忧。让他更焦虑的是，不管他变好的欲望多么强烈，无论他怎么努力，都无法明显提高成绩。这种“求而不得”的残酷现实让他走到了崩溃的边缘，而此时距离高考只有 1 年零 2 个月了，所以他必须找到问题的根源。

一番苦思冥想之后，他逐渐把困惑缩小到了这个问题上：“我今天的学习是为了什么？”终于，他得到一个让自己眼前一亮的答案：“**今天的学习就是为了进步！**如果明确知道自己努力学习一天不会有任何进步，那还不如去玩！现在之所以听课、预习、做作业、做卷子、看参考书，全都是为了一个目的——进步。”

想到这里，他的头脑清晰了起来。但是新的问题马上来了：“既然每天学习是为了进步，那如何知道自己每天进步了多少呢？”他发现自己根本回答不出来，但也意识到这就是问题所在：“如果连一天中有哪些进步都不清楚，那说明自己在过去的时间里都是在糊里糊涂地学习。”此时他恍然大悟，确定这就是

① 案例引自《我的史诗般的高考逆袭路》，发布于“核聚”公众号。

自己没有明显进步的根本原因，于是当即决定**建立一个“进步本”，把每一个学习收获都记下来**。

从那天开始，他把每天新学到的各种知识、不会做的题、搞明白了的错题，还有关于学习的一切总结、思考都记录在进步本上。这样，只要一看本子，就知道当天有多少具体的进步，一目了然。

当然，仅仅记录是不够的，**因为记录不等于进步**。“如果同样的错误再犯，同样的题型又不会了，同样的知识点下次遇到又模糊了，这些都不意味着进步。只有记在脑子里，不忘记，才是真正的进步。”

遵循这样的原则，他每天抽出专门的时间，把本子上面的题拿出来重新做、反复做，不懂就问同学、看参考书，直到把所有学到的知识完全无误地记住、理解了每一个步骤的细节，并达到了任何时候都能快速做出且不出错的程度。

通过实践，他终于明白为什么之前听课、做作业、看参考书等学习方式无法让自己真正进步了。**因为这些学习过程的效果不能被直接检验**，唯有将转化的结果清晰地记录在进步本上，才可以检验学习方法是否有效。

由此，他确认了这样一个事实：进步本的完整操作是快速进步的有效方法。**如果犯过的错误下次还犯、做过的题目下次还错，那说明这根本不是学习，或者是效率极低的学习。相反，保证出过错的题不再出错、搞明白之后不会忘记，才是学习的底线。**

在进步本的加持下，他的学习成绩和名次开始飞速跃升。最终，他在高考时考出了全班第一、全校第一、全市第一的好成绩，如愿拿到了北京大学的入学通知书，实现了高考的逆袭。

他就是“核聚老师”（以其公众号名称呼），如今他用自己的方法论帮助很多考生走上了逆袭之路。

“核聚老师”的方法论表面上看是个人经验，其实背后有科学的脑神经理论作支撑，所以这样的方法论适用于各个领域，并不局限于在校阶段被动式的有压学习。当然，如果你还想继续了解离校后自主式的无压学习，那就随我一起看看韩国作家张同完的人生翻转之路吧。

自学英文翻转人生

张同完是《我在 100 天内自学英文翻转人生》一书的作者。在书中，他自曝自己在初中时就是一个差生，对学业丝毫不感兴趣，不懂为什么要读书，成绩落后到差点没机会读高中。后来侥幸上了高中，英文成绩垫底，他对未来没有任何想法，但在一个偶然的机遇下，他萌发了“讲一口流利英文”的强烈愿望。

经过不断摸索，他终于发现了 100LS 训练法，在几乎零基础的状态下，做到了 6 个月开口说地道英文，1 年达到口译水准。这种学习方法与学校的教学完全不同——不学语法、不刻意背单词，但效果惊人，很多母语是英语的人都以为他在国外生活过。凭借一口地道流利的英文，他不仅获得了卡塔尔的高薪工作，之后又以同样的方法学会了法语、日语和汉语，并以特招生的身份进入釜山大学法语系，让自己的人生焕然一新。

张同完的经历听起来非常神奇，就像热播剧里的虚构故事。事实上，他的100LS训练法并不神秘，说起来还很简单，就是找一部自己喜欢的电影，然后跟着听（Listening）和说（Speaking）。

说到这儿，你肯定会认为，这不就是“看美剧学英语”的方法吗？有什么神奇的？确实，粗看起来没什么神奇的，但仔细观察就会发现，张同完的方法还是与众不同的。

普通的方法通常会带着这样的诱惑告诉你：只要看完这100部美剧，你就会在不知不觉中成为英语达人。但张同完的方法是：**只看一部剧，但这一部剧要看100遍！**

他还提供了这一方法的具体步骤。

> 第一步，关掉所有字幕观看第一遍；
>
> 第二步，打开母语字幕观看第二遍，确认之前没有听懂的部分；
>
> 第三步，换成英文字幕，把刚才没听懂的片段抄下来；
>
> 第四步，反复练习听不清楚的片段，听完马上跟读；
>
> 第五步，关掉所有字幕，观看剩下的97遍。

其中，关键要领是**弄清楚每一句台词的意思，听完马上跟**

读，对不熟练的片段反复练习，使语气、语速、语调尽可能与剧中一样。换句话说，就是将剧中的情景对话强化为“大脑的肌肉记忆”，直到在类似的场景下不用思考就能脱口说出极为准确和地道的外语。

张同完直言，这其实就是我们每个人学习母语的方法。而且用这种方法学习外语并不需要看很多部电影，只需要把几部经典“背下来”，就足够赶超绝大多数人的外语水平。

现实也证实了这一点，我们绝大多数人从小学起就开始接触英语，不断学语法、背单词、做卷子。如此学上十几年，结果可能连十句正常的对话都接不下去，更别提流利、准确、地道了。一些人也用看美剧的方法来学习英语，甚至用海量的影视剧来“浸泡”自己，指望自己的英语水平能在这种无痛的娱乐环境中轻松提高。可惜他们只是沉浸在轻松的剧情里，并不注重扎实的练习和具体的收获，最终的效果往往也是水过鸭背。

如果我们进一步探寻根源就会发现，这正是我们人类急于求成、避难趋易的天性在作祟。所以在默认状态下，我们总是不看现实结果，一味追求轻松、简单、新鲜、快速，以致迷失在没有实效的自我欺骗中而不自知。在这种状态下，即使我们有变好的强烈愿望，即使我们愿意付出持续的努力，最终收获的结果可能也是两个词：平庸和普通。

学习即练习，有一是一

结合“核聚老师”与张同完的经历，我们不难发现他们的学习有一个共同的理念和标准，那就是：**学习即练习，有一是一**。

“核聚老师”没有沉迷于对各种资料的泛泛复习，张同完也没有醉心于对各种美剧的泛听，他们都**把知识当成技能去练习，只关注自己能真正把握的那些点滴细节**，最终成就了自己。奇怪的是，普通人往往对这种学习方式不屑一顾，而高手们对它却极力推崇。

比如，曾国藩在家读书时，他父亲要求他，**不读懂上一句，不读下一句；不读完这本书，不摸下一本书**。因此他也在家书中留下了“一书未完，不看他书，东翻西阅，徒徇外为人”的忠告。事实上，曾国藩年轻时资质非常普通，进步也非常慢，但凭借步步扎实的积累，他后来得以做出一番成就。

再比如，诺贝尔物理学奖获得者理查德·费曼在教他 14 岁的妹妹琼学习天文学教科书时，曾这样指导她：“你从头读，尽量往下读，直到你一窍不通时，再从头开始，这样坚持往下读，直到你完全读懂为止。”最终，琼成为一名天文学家。而在此之前，她的母亲曾告诉她，女子的大脑达不到从事科学工作的水平。

可见，上乘的学习方法就是这样原始、简单。不需要贪多求快，只要一步一步、一点一滴地扎实推进即可。谁在这方面耍小聪明，谁就会吃亏。而这种盈亏关系在一位研究生给“核聚老师”的反馈中也被形象准确地描述了出来：“在使用‘进步本’之前，我学得虽快，但忘得也快，相当于用沙子建房子；在使用‘进步本’之后，我惊恐地发现自己真正掌握的没有多少，发现之前的学习基本没有让自己产生实质性的进步……但此后的学习相当于用钢筋混凝土建房子，不留一点漏洞，让人感到很踏实！”

“沙子”和“钢筋混凝土”的对比真是形象又准确，因为其中暗含另一层寓意：前者开始时容易，后期困难；后者开始时困难，后期容易。这解释了为什么那些学习成绩一般的人会越学越痛苦。**因为前面的学习有很多漏洞和盲区，所以后面所有建立在这些基础之上的知识都会摇摇欲坠。之前的漏洞和盲区若是得不到彻底的解决，之后会一直受此影响，那么学习上的新问题和新漏洞就会越来越多。**

而那些使用了类似“进步本”的学霸，则越学越轻松，因为他们每一步都走得很扎实，因而在后期需要面对和解决的难点会越来越少。巨大的学习优势还会让他们自信满满、乐此不疲，甚至学习上瘾、停不下来。所以对一些人来说，学习这件事永远是难的，无论学什么都学不好；而另一些人却学什么成什么，显得特别聪明。**背后的原因很可能就在于这个最基本的学习观。**

速度，也是一种能力

再看“核聚老师”和张同完的学习方法，我们会发现它们都非常符合刻意练习的基本原则和要素（见图 4-2）。

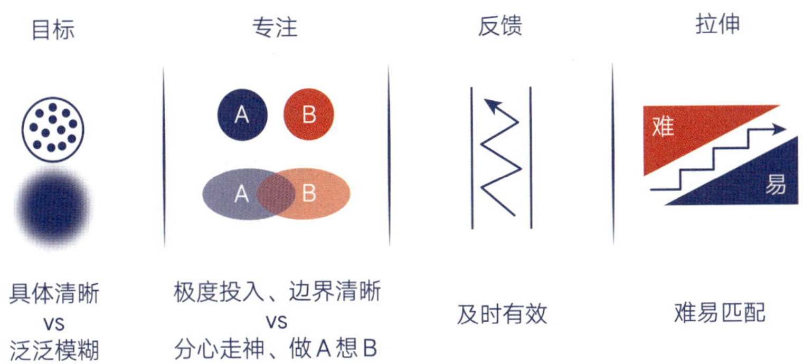

图 4-2　刻意练习四要素

比如，“核聚老师”会不断明确那些自己不会或不熟练的部分，将学习范围划定在一个极小的范围内，然后反复咀嚼、反复琢磨，直到融会贯通，再开启下一个章节；张同完也会对不熟练的长句进行拆解，然后对各个小片段进行反复练习，直到可以将整句流利、连贯地表达出来。他们在练习时不仅目标明确，而且都善于将大目标拆解为小目标。

采用这样的学习方法，他们也能得到最及时的反馈，比如“核聚老师”会通过测试衡量自己的学习效果，而张同完则直接与地道的发音进行对比。这些学习规律使他们能始终在舒适区边缘拓展，而非在舒适区内低效重复。

除此之外，还有一个重要的因素拉开了普通与卓越之间的距离，那就是**速度**。很多人正是忽略了这一点，才陷入了很努力但就是不见明显进步的境地。

比如高三读者“木多”就有这样的困惑。她自述在学业上非常吃力，尽管自己内心很想变好，但巨大的学习压力和糟糕的学习体验使她终日被低落、沮丧的情绪缠绕，甚至开始信心崩溃。

当我问及她具体如何学习时，她说：“基础的东西我也可以做出来，只是花的时间要久一点。比如一页地理习题可以只错一题，但要花45分钟才能完成。”我当即意识到，她的学习观里缺少一个概念，那就是**速度也是一种能力**。

很多人和她一样，以为学习就是理解知识的过程，以为理解了就是掌握了，然后止步于此，殊不知，**对知识运用的频率、速度及熟练度也是学习能力的一部分**。所以很多人在学习之初感觉并不吃力，但越往后，就发现自己越来越搞不定学习了。**而那些成绩好的人，往往会有意无意地把“做对”和“做快”同时列入自己的学习标准**。他们不满足于会做，还追求快速做出且不出错。“核聚老师”也提到过这样一个学习铁律：**凡是遇到卡壳、学不下去的情况，只有一个原因——你对此前学过的东西不熟练，没有达到掌握的程度**。

那些卓越的人正是在这一步下足了功夫才真正拉开了与普通人的差距。如果张同完说的每句英语都磕磕巴巴的，即使他说的都正确，也没有人会认为他是英语达人。他之所以能让别人刮目相看，正是因为他不满足于能说，还反复练习，达到了能脱口而出的程度。如果一位钢琴练习者弹的每首曲子都断断续续，那么即使他会弹 100 首曲子，也不会有人认为他是钢琴高手。而一个人即使只会弹一首曲子，但如果他能闭着眼睛把那首曲子弹好，也一定会让众人惊叹。可见，只有达到非常熟练的程度，一个人才能真正拥有自己的成绩或作品，获得真正的优势和影响力。

无论是学习知识还是学习技能，我们都应该在脑子里牢牢树立这个观念：**速度，也是能力的一部分。有时候它比理解更重要，甚至是后期竞争中唯一重要的因素**。所以千万不要忽略学会之后的练习，并且要明确练习的标准，因为真正的对手不怕你会一万招，就怕你把一招练一万次。

另外，如果你经常观察那些卓越的人，会发现他们平时行动的速度也很快：

- 能用一分钟做完的事，绝不花两分钟；
- 一旦投入学习，就直奔目标，快速进入状态；
- 用学校考试的标准来写家庭作业；
- 刻意提高阅读速度，强迫自己集中注意力……

这些快速的习惯会把他们带入极度专注的状态，让他们在学习时能聚集穿透问题的能量，所以他们不仅学得更好，还能留出很多时间让自己检查、复习、拓展，甚至放松娱乐，以此保持优势的正循环。而普通人习惯在学习途中慢慢悠悠、磨磨蹭蹭，半天进不了状态，即使开始学习了，也极容易分心走神。这都是因为他们缺乏“快速”的意识和技巧。

快速和优秀之间似乎存在一种因果关系，但这种关系这样表述才更加准确：一个人不是因为学习好才动作快，而是因为动作快才学习好。

归结起来，**我们在心态上要“慢”，允许自己学得少、学得慢；在动作上要“快”，要求自己熟练、迅速**。

想透了这些，我们就能让自己的卓越之路变得更加清晰。

开启深度练习

学习无非两种：一种是认知上的学习，另一种是技能上的学习。

对于认知上的学习，我曾在《认知觉醒》的深度学习主题中总结过三点：

- 获取高质量的知识——获取并亲自钻研一手知识；
- 深度缝接新知识——用自己的话把所学的知识写出来；
- 输出成果去教授——让自己的实际生活发生改变。

对于技能上的学习，我们现在至少可以归纳出两点：

- 学习即练习，有一是一；
- 速度，也是一种能力。

为了更好地记忆并传播这个概念，我把技能学习的方法论命名为“**深度练习**”。我相信，在手中有了“深度学习”和“深度练习”这两个认知武器后，你就能应对学习过程中的种种困难，获得自己想要的人生优势。

穿越而非跨越

至此，你肯定已经能清楚地看见普通和卓越之间的分水岭长什么样了，但此时我的脑子里又冒出一个神奇的画面——**那道分水岭不是跨过去的，而是穿过去的**。

那些习惯浅学习的人总是试图轻松翻越障碍，于是沉迷于体验各种不同的路径，尽管开始时走得很轻松，但每到半山腰总会无路可走；而**那些愿意深度练习的人就好比在打隧道**，虽然每一步都走得不容易，速度也不快，可一旦将其贯穿，那就是一劳永逸的轻松了。

比起那些每天都要费力爬山的人，那个坐拥私人隧道的人可不就拥有了巨大的人生优势嘛！有了这种人生优势，他怎能不幸福呢？

第六节

跨界：如果你想与众不同，不妨试着跨界潜行

德国哲学家叔本华说过这样的至理名言：“人类幸福的两个死敌就是痛苦和无聊。当我们成功远离其中一个死敌的时候，也就在同等程度上接近了另一个死敌，反之亦然。所以，我们的生活确实就是在这两者之间或强或弱地摇摆。”

我建议你出声朗读并细细品味一遍这个来自近200年前的哲学观察，你会发现它正确得几乎无可反驳。

不过在叔本华生活的时代，人们的烦恼普遍集中在“痛苦”这一端，因为在生产力落后的19世纪，为了缓解生存压力，绝大多数人都要将生命消耗在无穷无尽的体力劳动上；但在如今这个时代，人们的烦恼已逐渐倾向于“无聊”这一端，因为身处物质和信息极度丰富的世界，人们的基本生存压力已经得到极大的缓解，而生命给予我们的自由和闲暇却越来越多。

在缺乏觉知的状态下，我们会本能地将时间用于刷新闻、玩游戏、打麻将、看短视频等娱乐消遣，这些消遣刺激因为无法产出价值、带来成就，所以并不能给我们带来长久的快乐，

时间一长，反而会让我们感到自己在空耗生命、虚度光阴。尤其是当身边人或同龄人都开始变得成就满满、更加优秀的时候，这种失落感和痛苦感会越发强烈。

如此说来，叔本华的名言就真就成了一句“诅咒”——人们似乎只能在痛苦和无聊之间来回摇摆。但显然，这世上仍有很多人是幸福的，他们是如何摆脱“摇摆诅咒”的呢？答案其实并不难找，那就是他们始终有一个人生的 B 计划。

B 计划是人生幸福的保障

所谓 B 计划，就是我们在主业之外还有另一个人生目标或追求，它可以让我们填充闲暇、排解无聊，甚至创造成就。由于这个时代给了我们告别生存压力、远离“痛苦”的福利，因此我们就有可能在 B 计划的加持下同时远离幸福的两个死敌。你此前若从未想过人生的 B 计划，那我建议你现在开始考虑。

设想一下，**如果你有一件只要有空就会想着去做的有益且有趣之事**——无论是研究一个课题、培养一项技能，还是创造一个作品，那么，生活中的闲暇将不再是你要“杀掉”的时间，而会成为你不可多得的宝贵资源。在经年累月的精进下，这个 B 计划甚至可能给你带来意想不到的收获。

比如，成为某一领域的专家、产生不可代替的个人影响力，或者得到不菲的收入，等等。这样的可能性，光是想想都让人激动！所以如果你现在有了做 B 计划的念头，那恭喜你，你已经成功走出了告别“摇摆诅咒”的第一步。

当然，我的建议不止于此。因为这世上有 B 计划的人也很多，他们虽然不会被生活的无聊所侵袭，但也常常因为一些技术原因被焦虑侵扰，比如：欲望太多，不知道自己想要什么；急于求成，总是想很快看到结果；方法不当，以致自己忙忙碌碌却总是一无所获……不过，这些常见问题的对策我已经在《认知觉醒》这本书中做了详细的阐述，所以今天我们只从另一个角度谈谈如何更好地做 B 计划，要领就是：这个 B 计划最好要跨界，而且跨得越远越好。

要跨界，而且跨得越远越好

按常理，人们普遍会选择自己擅长和熟悉的领域来开展 B 计划，毕竟相对熟悉的领域不仅容易上手，胜算也更大。但事实上，跨界，特别是遥远的跨界能带来更多的好处。

第一个好处就是，它可以帮助我们更好地“换脑”休息。试想，当你忙完了一天的主业，如果还继续做和主业相关的事，身体和精神往往是疲惫、抗拒的。因为大脑的相关区域已经持续工作了很久，它们需要休息调整才能恢复能量。此时，如果你能通过 B 计划投入一个完全不相关的领域，那大脑就会启用完全不同的脑区进行工作，原来疲劳的脑区则会解除任务进入休息状态。

比如，一个文字工作者可以选择舞蹈或弹琴作为自己的 B

计划，这样可以激活大脑中负责运动的脑区，同时关闭已疲惫不堪的抽象逻辑脑区。**这种交替使用脑区的积极休息使大脑的利用率更高，比起单纯地看手机、玩游戏等消极休息，它也能使大脑得到更好的放松**。所以，当你听到有人说“学习才是最好的休息”这样的话时，千万不要想当然地认为对方在“打鸡血”。如果对方遵循类似“一文一理、一动一静”的搭配方式，那他很可能是个学习高手。

话虽如此，但对一些从事严肃职业的人来说，用业余时间去做一件和本职工作毫不相关的事会使他们在情感上难以接受，因为这很容易被外界说成“不务正业”。

然而，这种不明就里的观念很可能使其错失**跨界B计划的第二个好处：B计划不仅不会削弱我们的主业，甚至还可能为我们的主业带来更多的竞争优势**。毕竟我们是将原本用来看手机、刷视频的时间加以利用，而由此培育出的新思想、新技能或新作品很可能与我们的主业复合形成意想不到的竞争力。因为在主业这个圈子里，大家通常只在同一个维度进行能力比拼。无论你是练体操、学画画还是做销售，想单纯地在技能和能力上做到第一或名列前茅是很难的，**但如果有另一项差异极大的能力与自己的主业进行两个维度的复合，情况就不同了**。

比如，公众号“混知”的作者就把历史知识和漫画技法两个维度的技能复合在一起，由此创造出了独具风格的历史漫画主题，还出版了一系列历史漫画畅销书。单从历史知识上看，他肯定不是最厉害的；只从漫画技法上看，他也不是最出色的，但当他把两个看似不相关的能力复合在一起的时候，就拥有了他人难以模仿和超越的优势，因为能同时做到这两点的人很少。

所以，我们最好也通过 B 计划打造另一个维度的能力，且这个能力与主业越不相关越好，相关、相近都要尽量避免。不管是在工作中还是在生活中，当你的主业已经做得足够好的时候，另一个不相关的优势往往更容易让你脱颖而出，且他人很难超越，如此一来，你便能更好地平衡工作和生活。

我自己就有过这样的经历。几年前，我用业余时间自学编程，这个兴趣与我当时的主业看起来相隔甚远、格格不入，但在之后的工作中，我很自然地将它与主业结合了起来，在单位里架设了业务论坛，并开发了一套业务系统，解决了工作中的一大痛点。

虽然业务系统的代码是请专业的程序员写的（我当时的编程能力还达不到开发系统的水平），但这并不影响我在单位里脱颖而出。因为主业的专业性太强，外部的 IT 人才无法了解我们行业的痛点，而我们行业里也少有懂编程知识的人，所以我就成了两个领域之间的桥梁。两个维度能力的结合使我成了单位里某个不可替代的节点，也让我在工作中变得更为投入，因为对我来说，所做之事都是所爱之事。

李笑来也在《财富自由之路》中详述了这个让人从平庸走向卓越的最佳策略。

> 在某个技能（或者说“某个维度”）上死磕，确实是一

个策略，但更好的策略是“多维度打造竞争力”。因为在单个维度上，比的是长度；在两个维度上，比的是面积；在三个维度上，比的是体积。所以每次跨界，都是给自己拓展一个新的维度，维度多了，竞争力自然就强了。

如果你也想与众不同，那么请一定要思考与实践“维度”和“跨界”这两个概念。一旦实践成功，这两个概念就会让你在生活中“轻松”和“胜出”。

当然，以上这些仅仅是跨界B计划看得见的好处，事实上，它还有很多隐藏的好处等着我们去发现，特别是当我们选择一个人潜行的时候。

独自潜行，走得更快也更远

“独自潜行”这样的字眼很容易被现代人排斥，因为在遍地社群的互联网时代，人们更认同“一个人走得快，一群人走得远”这样的抱团理念。

然而，再正确的话都有其特定的适用前提或场景，正如“一个人走得快，一群人走得远”这句话在个体成长初期或商业领域可能是适用的，但在个体成长的后期却未必适用。**因为在通往卓越的道路上，很多同行者会中途掉队或退出，所以当一个人在某个领域走得很远的时候，他必然是孤独的。**如果我们想在某一方面变得卓越，最好从一开始就做好孤独前行的准备，始终混在人群或队伍里则大概率会成为平庸的一员。

但“独自潜行”并不意味着与行业隔离、闭门造车，而是与业内人士保持一定的距离。**换句话说，就是我们虽然要学习B行业内顶级的知识和思想，但也要游离在B行业的大圈子之外**。这种游离状态可以给我们带来很多看不见的好处，能更好地帮助我们实现B计划。

首先，独自潜行可以让我们保持圈外人的独特视角，防止自己的思想或风格被主流同化。这一点对创意工作者来说尤为重要，因为创新或创造的本质是想法的连接，而越遥远的连接往往越有意思。如果我们太关注圈内的热点、熟悉圈内的套路，往往创造不出更新的东西，但当我们不与圈子有太过密切的交流时，反而能保留一些独特性，而**独特性才是我们胜出的关键所在**。研究证明，有时候做个不怎么跟人交流的孤独者也能提高创造力，因为没有互相模仿，多样性反而更强。

其次，作为圈外人，没有身份标签的限制反而更能创新。这一点，我在写《认知觉醒》这本书的时候感触颇深。

2017年，当我第一次拿起笔开始写作的时候，我就是一个写作的门外汉，我的本职工作和写作也毫不相关；而在成长领域，我也是一个圈外人，既没有学术背景，也没有学术基础，所有知识都靠自己学习和实践。但正因为如此，我没有被各种学术流派的身份束缚。我只是盯住一个个实际痛点，用心关联各个领域内的可用知识，无论是脑科学、心理学、社会学，还是认知科学、行为科学，只要是有理有据、能解决实际问题的，我都会拿来使用。

与此同时，我也没有拘泥于文笔和术语的限制，让自己在写作时使用各种修辞或张口闭口“某某思维模型”。我只是尽量朝着心中认为满意的作品的方向，不断地修改打磨，想尽办法用自己的语言将想法、观点表达得简单清楚些。基于此，《认知觉醒》反而跳出了市面上认知成长类书籍的条条框框，被很多读者誉为一本“深入浅出、通俗易懂的书”，甚至有读者留言说：“这是一本小学生也能读懂的自我认知书籍。”所以，当我们进入一个全新的领域时，不必顾虑害怕，因为陌生虽是劣势，但也可以成为优势。

最后，圈外人更容易保持好心态。因为我们不需要和 B 圈内的人正面竞争，也不用在意他们的评价和认可。对我们来说，在 B 圈内游荡只是在“玩”而已，这样反而让我们能放下功利心去做这件事。我们也不需要过分遵守 B 圈内的标准和规范，甚至在需要的时候，我们还可以试着设定自己的标准。这种不急功近利但打破常规的心态，往往更有利于我们做成这件事，而一旦做成这件事，我们便能体会到另一个巨大的好处：**终有一天，你会一鸣惊人，并同时收获圈内、圈外的双重肯定**。

秘密前行，阻力更小也更幸福

设想一下，一个在工地打工的年轻人能在工友休息时跳一段酷炫的街舞，一个平时默默无闻的“书呆子”能在聚会时弹上一曲动听的钢琴曲，必然会让众人眼前一亮、刮目相看。圈内人会说："哟，这家伙不赖嘛，没想到这么多才多艺！"圈外人也会说："哇，没想到圈外还有这样的人才！"特别是当这个技能与他的主业很不相关的时候，这种反差效应会更明显，即使你的水平没有达到B圈内的专业水平，你也会收获掌声。

四川泸州的"90后"小伙贺元凯就是这样的一个人。他高中毕业后就开始四处打工，但他并没有把业余时间用来玩游戏、刷视频，而是用来自学舞蹈。七年后，他在建筑工地上秀出精湛动感的舞技，看呆了工友，在网络上迅速走红。舞蹈不仅缓解了他工作的辛苦，也让他的生活不再无聊，甚至还给他的人生带来了新的可能。

贺元凯的经历再次说明了打造一个人生B计划的必要性与好处，不过在实践B计划的过程中，有一个小策略你最好关注一下。那就是**B计划最好是一个秘密的项目，至少在开始的时候是这样的**。因为一个严肃技能的磨炼往往需要时间的积累，在它还没有成熟到足以一鸣惊人的时候，众人给出的反馈与上文中的例子往往是相反的。圈内人会说："你弄的这都是啥，别一天到晚不务正业！"而圈外人也不会投以惊叹的目光，只会把你当成一个普通的路人罢了。

所以在开始时不妨自己悄悄地练习精进，尽量在圈内保密，这样可以最大限度地减少自己行动的阻力。或者只在圈外展示自己当前最佳水平，换取陌生人的认可与反馈。这是互联网时代的一个可行策略，也是"独自潜行"的另一种含义。

万维钢在《学习究竟是什么》这本书中也提倡读者秘密前行，他说："你应该有个秘密项目，这种感觉很好。平时该上班上班，自己私下干一件大事。这个项目不是普通的业余爱好，你非常严肃认真，每天都取得进展，达到很高的水平。白天的你有一个身份，晚上的你还有另一个身份。没人真正了解你，只有你自己知道你在做的是什么……"

我想，身怀一个秘密计划不仅可以减少我们初期的行动阻力，而且会让我们更有幸福感。毕竟，做好了来日可以在他人面前放个大招，做不好也不会遭受打击，随时可以从头开始。

用B计划打造外界无法剥夺的价值与优势

叔本华的名言如今已经被读者简化成了"**人生就是在痛苦与无聊之间摇摆**"。不过在如今这个世界，我倒是更愿意将其演化为：**人活着就是为了对抗无聊**。

不信的话你可以观察一下自己和身边的人，有多少时候我们能够真正忍受无聊呢？如果手机不在身边，很多人怕是连一分钟的独处都无法忍受吧！所以不管在什么时候，我们总会忍不住给自己找点事情做，无论是外部的娱乐刺激，还是内部的学习创造，其实都是我们对抗无聊的方式，只不过前者是在满足人的娱乐需求，而后者可以让人变得与众不同。

当然，也有人会说"我现在还在为了生存奔波挣扎，哪有时间考虑B计划……"或者"我现在是业务骨干，工作很忙，根本没有必要去考虑什么人生 B 计划”。其实，越是处于这种状态越应该考虑。从一生的跨度看，终有一天你会停止奔波，放下工作，面对晚年的大量闲暇。如果我们的注意力始终被外部的生计和工作牵着走，等有一天不需要为此奔波时，我们就会自然陷入“摇摆诅咒”的“无聊端”。

很多退休的人正是因为没有提前准备 B 计划，才会在脱离岗位后变得手足无措、失落沮丧，甚至迅速衰老，而一直有准备的人则会变得非常从容，甚至更加享受那些闲暇时光。毕竟工作终有一天会离我们而去，甚至某些不可控的外部因素都有可能将其夺走，**所以无论何时，我们都要在本职工作之外培养一个甚至多个全新的技能，去创造一个或多个外界无法剥夺的价值和优势**。

别说自己没有时间。只要你有空看手机、玩游戏、聊八卦、打麻将，你就有时间运作自己的人生 B 计划。

关键看你想要什么样的人生。

第五章

战略——环境与多维

第一节
环境：真相扎心了，“偷懒”比努力更重要

浙江大学是一所人才辈出的知名学府，2019年6月，它竟因几位宿管和保安的事迹被送上了新闻，因为这些宿管和保安展示了远超自己身份定位的追求和技能，进而被人们誉为浙大“扫地僧”，特别是两位宿舍管理员，给我留下了深刻的印象。

一位是玉泉校区教师公寓的宿管阿姨。她来到浙大后，被学校的学习氛围感染，便利用值班时间自学英语。在采访时她说：“看到你们楼层里人才济济，忙忙碌碌都是为了学习，我好像错过了这个时代，我要再变成一个学习的人。”

另一位宿管阿姨徐霞，2010年来到浙大，在与同学们相处的过程中，她感受到学生积极好学的精神，于是也学起了画画。她说：“孩子们那么优秀，我也不能拖了后腿！别人能做到的，我为什么不行？”现在她不仅有不少拿得出手的绘画作品，还成了一位吉他“小能手”。

当然还有其他“扫地僧”，他们或擅长画画，或精通摄影，或专攻根艺，或善赋诗词，或长于跑步，让人耳目一新。

现在让我们做一个假设：如果这几位宿管和保安并没有来到浙大，而是去了清洁公司或建筑工地（没有鄙视岗位的意思），他们会有这样的命运吗？或许有，但概率极低。毕竟光论努力程度的话，很多相同境遇的同龄人或许比他们付出得更多，却未必有他们的学习成就和生活希望。

这正是环境赋予一个人的力量，它能让一个人产生变好的念头并愿意去努力，还能让这份努力的效果得到放大。从某种程度上说，环境的力量其实远超个人努力，只是很多人会天然地无视或忽略这一点，认为只要努力就可以成就自己，毕竟努力是看得见的，而环境因素却会因为自己身在其中而很难觉察。所以很多人要么麻木地生活，不知思变；要么盲目地努力，承受着事倍功半之痛。

在诸多咨询中，我也发现不少读者虽然有强烈的成长愿望，行动上也非常努力，但由于他们身处恶劣的成长环境，这些努力收效甚微。为了保护对方的积极性，我只好刻意忽略环境因素，鼓励对方再努力一些，尽量不泼冷水。但现在我决定不再回避，因为环境因素是我们无法避开的，就算现实让人多么不满意，我们也要鼓足勇气去面对它。我们唯有正视它、看清它，才能有意识地躲避限制，并反过来借势前行。当我们学会借力环境时，自己的努力才会更有成效，而这一切还得从察觉环境这道无形的屏障开始。

镜像神经元

我们的生活环境决定了我们每天要见哪些人、做哪些事，这些人和事会直接影响我们的思维与言行，因为人类大脑中有镜像神经元，它会让我们无意识地模仿身边的人和事，所以若是周围的人经常做某些事情，我们也会不自觉地学着做。

比如，当我们看到别人在学习某项新技能时，我们也去学的可能性更大；当身边的人成天无所事事玩游戏时，我们也更容易跟随。这些都是潜意识活动，我们可能根本意识不到自己在受影响。

这也解释了另一种现象：一些学习成绩好的人可能连他们自己都搞不清为什么自己会学习好，因为他们确实没有像别人那样特别努力。但如果我们追溯他们生活的环境，也许能找到一点线索：或许他们的父母是知识分子，在家中学习是常态；或许他们的邻居玩伴都出身于书香门第，从小看大人说话做事都动脑筋；或许他们家中遍藏书籍，随手可以翻阅；又或许他们因为家境贫穷，生活中少有娱乐的诱惑和干扰，反而拥有了专注的环境和习惯……总之，他们在某些特定环境的影响下，在学习动力、学习习惯或专注力上形成了无法察觉的优势。

就像几位宿管和保安来到大学之后，环境变了，镜像神经元开始发挥新的作用，之前的学习愿望就被唤醒了。他们之所以能快速改变，是因为当他们模仿的对象是“专家型的示范者”时，学习速度会显著提升。

《暗时间》的作者刘未鹏也曾回忆说，他父亲的书橱里面塞满了字典厚度的大部头，是各种电工手册，所以他从小对大部头的书没有畏惧感，觉得是理所当然的求知途径。不难想象，如果我们成天生活在一个人们看电视、打麻将、游手好闲的环境里，大概率会模仿出另一类言行和思维习惯。我们会不自觉地展现和身边人相似的言行，习惯接受高刺激和轻松肤浅的信息，静不下心阅读或思考。所以即使我们在学习上表现得很努力，也很难与他人一较高下，因为很多我们觉得不可思议的事情在别人眼里可能早已习以为常。

另外，比起环境的影响，直接告诫自己要努力其实很单薄。因为在一个特定环境中，我们的各个感官会同时接收多维度信息——看到的、听到的、闻到的、触到的、尝到的……这些信息的量非常大，只能交由强大的潜意识来处理，而潜意识会首先调动本能冲动和情绪欲望。

我们都知道一个人的情绪力量是很强大的，它怒可火山爆发，丧可心如死灰，而告诫自己要努力不过是理智脑的单维度思考，它在情绪力量面前其实非常干瘪。所以那些成天吼着要孩子努力学习而自己从不以身作则的家长其实很无力，**因为孩子的镜像神经元只有在家长做出相应行为时才会被激活，所以一万句劝说抵不过自己的一次真实示范。**

在这方面，李笑来讲过一段有趣的经历。

> 半年前，我买了一把木吉他送给一个朋友，他家有三个孩子。我跟小朋友的妈妈说，要是小朋友小时候就学会

弹琴，又那么帅，长大了肯定魅力非凡……几个月过去，据说那把吉他放在那里，完全没有动过。最近的某一天，我那朋友在家里组织大伙烤肉吃，我去蹭饭。过程中我把木吉他调好弦，当着小朋友们的面玩了一会儿。据说，此后的每一天，小朋友都缠着他妈妈找吉他老师……

事后他说："学习兴趣常常并不是被某项技能自动引发的，而是因为见识到真人在实操那项技能，所以才被深度激发，产生兴趣。"

可见，仅仅用嘴说"弹吉他会使人魅力非凡"这种道理并不能真正触动人，而真人实操则能让人听到、看到、触到，甚至闻到、尝到，从而让人在心里强烈地希望自己也能变成那样，这就是镜像神经元和潜意识的力量。所以无论是劝别人还是劝自己，让自己成为榜样或让自己身处理想环境，都是更优的选择。

当然，如果我们不希望自己变得更差，就一定要想办法远离那个不好的环境，**因为我们很难在无意识的状态下表现出高于所处环境的言行或追求，我们只会在当前环境中保持最舒适的状态**。比如，长期生活在混乱的环境中，一个人就更有可能大声说话或随地吐痰，因为周围很多人这么做，柔声细语和讲卫生显得没必要。而在一个人人都不学习的环境里，人们也会自然地认为：学习这件事，没什么必要吧！

贴身环境

让我们把镜头再拉近一点。假设一个人既拥有良好的大环境，又有闲暇时间，他就一定能成就自己吗？未必！因为无孔不入的信息环境和贴身环境还会继续产生阻碍。

自互联网和移动互联网诞生以来，我们便进入了前所未有的信息便捷时代。但信息便捷是一把双刃剑，它至少在两个方面极大地干扰着我们的注意力。

一是信息爆炸了，但知识并没有爆炸。海量的信息不仅增加了我们甄别筛选知识的难度，还让我们随时随地处于即时信息和肤浅信息的包围中。信息环境和真实环境一样，我们接触的信息的质量会影响我们的思维和言行，如果不注意筛选，我们便会陷入不良环境之中。

二是被称为“人体新器官”的手机，随时可以把我们的时间撕成碎片。你完全可以想象到，即使是一位不用操心一日三餐的高才生，他在自学的时间里，也可能会因为一条手机信息而不断地点击链接——从微信到微博，从抖音到头条，一晃几十分钟过去了——再好的学习环境也会被“浪费”。所以在未来的世界里，要想成就自己，信息环境不容小觑。

当然，我们也不能忽视贴身环境的设置。有序、整洁的环境会让我们的注意力更加集中，随处可见的玩具和杂物则会分散我们的注意力；我们房间里出现的摆设、书桌上放置的物品，甚至墙上的海报（是明星还是科学家）都会对我们的潜意识产生无形的暗示。所以**要特别关注我们目之所及和触手可及的东**

西，因为**离我们越近的东西就越会被关注，而越被关注的东西就越容易被放大**。如果你想让自己变得更好，就要学会通过环境的设置来影响潜意识，帮助我们减小阻力或增加动力。

除此之外，所处环境空间的大小其实也会影响我们的思维和情绪。如果你是一位创意工作者，最好关注一下自己办公空间的大小。在狭小的空间里，我们的思维也容易受限，而在空旷的环境中，我们的思维更容易天马行空。当你没有灵感或情绪不好的时候，不妨去空旷的地方走一走、活动活动，或许会有柳暗花明的惊喜。

说到我们的贴身环境，最典型的莫过于自己的身体了，因为身体和大脑是紧密关联的。长期坚持有氧运动的身体不仅更健康，也会让我们在思考力、专注力和自控力方面有更好的表现。

另外，语言也会影响我们的思维。正如本书第二章第三节所言，如果我们习惯说“我不行”“我做不到”，就会给潜意识巨大的暗示，然后我们就会真的放弃。但只要我们在这些否定的语句前加上“**只是暂时**”四个字——“我只是暂时不行”“我只是暂时做不到”，情况就会完全不同。这一点小小的变化，可以让我们从“固定型思维”转变为“成长型思维”①，很神奇！

以上环境虽然并不起眼，但都是值得注意的技术细节，关注它们会让我们的反制策略更加有效。

---

① 这两种思维的说法引自卡罗尔·德韦克的《终身成长》。拥有固定型思维的人认为能力是固定不变的，因此他们特别害怕失败、在意外界的评价，进而限制了自己的成长。拥有成长型思维的人认为能力是可以改变的，因此他们能够忽略外界的眼光，将失败视为进步的机会，凡事以自己能否成长和改变为标准，从而不断成长。

大环境借势，顺流而行

我常常把成长想象为在河里游泳——在一条很宽的河里游，所有人都在里面。河流和身边的人都是我们的环境，而我们在其中努力游动，游向众人心中共同的梦想之地。

有些人看见身边的人不动，自己也就不游了，因为在大家都不游的时候，自己一个人游显得太突兀，所以和大家一样待在原地，不用费劲，似乎也挺舒服；有些人看见别人在游，自己也跟着游，但发现用尽全力也不如别人轻轻一划游得快，这时候不妨先停下来，看看自己身下的水流，找一个阻力更小或是顺流的地方再使劲，是为明智之举。

这道理早在两千多年前就被孟子的母亲知晓了。她为了培养孩子，几度搬家，从墓地到集市，从集市到学堂，最终借助环境的力量将后代培养成才，生动诠释了借力环境的重要性。孟母三迁的典故早就告诉我们：**移动到更好的环境中是借力“偷懒”的上上策**。

但说实话，换环境的成本是很高的，尤其是在现代社会。譬如，为了进一所好学校，人们得先有买学区房的实力；想要有理想的工作和生活，也得具备相应的能力，这并非每个人都能随便拥有的。毕竟这个世界原本就是不公平的，我们出生在什么年代、什么地方、什么家庭都不由自己决定，一旦处于不利位置，大多数人在大多数时候都很难快速摆脱现状。但是“不能快速摆脱”不代表“不能摆脱”，只要我们有改变之心，保持足够的耐心，采取有效的策略，就能立足长远，重塑决策，并在小范围内主动改变，慢慢移向有利位置。仅仅意识到这一点，就足以使我们对未来产生信心和希望，即使当前身处逆境。

所以我们要**把“借势环境”这四个字牢牢地刻进自己的脑子里**，刻意运用这种意识帮自己做出不同于以往的选择和决策。比如，我们在选择就业方向的时候，即使面临一定的风险，也要主动选择去高手扎堆或有更多学习机会的环境，为未来的跳跃做准备，而不要短视地选择那些薪资高但只依赖体力交换或安逸舒适却没有提升空间的工作。

如果身处不利环境，那就下决心付出更多努力，利用点滴时间早做准备，争取早日去往更理想的环境，毕竟你肯定不愿意在那种环境中待一辈子。

在不利的环境中，我们还要提升自我觉察能力，让自己尽可能避免细枝末节的琐事，避开可有可无的应酬和闲聊，把省下的时间和精力用于自我提升，积蓄移动的能量。无论如何，在不利的环境中我们肯定也可以提升自己，但必然要付出比常人更多的艰辛和努力。

如果确实心力不足，比如为了生计必须做一些不喜欢的工作或在家全职带孩子，那也不要着急马上改变。不妨将这段时间作为蛰伏期，不求成果，只做准备，等今后工作变动或孩子开始上学后，我们就可以进入快速提升的状态，毕竟环境不会一直差下去。如果你始终持有改变的信念，愿意在不利的环境中蛰伏，积蓄力量，那么乌云中透过来的任何光都有可能成为你撕开它的机会。

另外，我们虽然无法快速改变或立即进入理想环境，但是去见识一下还是没有问题的。比如，很多家长会在孩子读高中时就带他们去理想的大学参观，让孩子置身于那个真实的、优秀的环境之中，这是极为明智的。这会调动孩子的多维度感官，让他们发自内心地产生学习动力，而这种真实环境的激励远比父母每天苦口婆心的劝说要好得多。

同理，对心中有梦想的人来说，花些成本让自己或孩子去见识更美好的生活、接触更厉害的人也是很好的举措，这些经历或许会让你或你的孩子心生向往、动力满满，也可能让你或你的孩子遇到生命中的贵人，加速成长。总之，在物理空间内尽可能接近优秀的人和环境，这比待在原地不动要主动和明智得多。

小环境借力，主动掌控

大环境通常难以快速改变，所以我们需要注重选择与决策，因势利导。而越贴近自己的小环境，我们可以自主掌控的机会就越大。比如，我们可以像整理生活环境一样整理自己的信息环境，取消无用的订阅、卸载多余的软件，保证信息环境纯净、高质量；可以养成“先静音或关闭手机，待完成重要任务后再定时查看信息”的习惯，以降低即时信息的干扰；可以精心布置生活空间，去空旷的环境活动、锻炼身体，优化语言表达等。

这些做法即使我不说，想必你也能从上文推导出来，但如果想灵活应对更多场景，则需要进一步发挥自己的**觉察力**和**想象力**。

想在小环境中掌握主动权，首先考验的是觉察力。有了觉察力，我们就会留意出现在自己眼前的任何信息，关注自己要去哪里、会见到什么人、看到什么事、听到什么话、产生什么想法和念头……这些**所见所闻会影响我们的下一个选择，而下一个选择又会塑造下一个环境**。这种连续的“选择接力”组成了每个人的人生，所以从一定程度而言，自我觉察直接影响我们的生命质量。

这样的例子不胜枚举，比如《坚毅》一书中提到的一个非常善于觉察的汽车销售员。他说，不论什么时候，只要看到人们成群结队地聚集在餐厅或者饮水机旁，他就本能地不往那些地方去。因为这些人在那样的情境下聚集到一起，总是不可避免地发牢骚，毕竟人们在心情不好的时候，总是想找伴，他不想被任何消极的感觉或言语影响，那会使其做不成销售业务。

这确实是个聪明的原则：如果不希望受某些环境的影响，最好的方式就是避免让自己置身其中。换句话说，想办法远离不良环境，就相当于待在了更好的环境中。科学研究也发现，**那些看起来有强大自控能力的人并非真的比常人更自律，而是因为他们会尽量避免置身于充满诱惑的环境中——这才是他们保持自律的真正“秘诀”**。

我们当前的想法会创造下一个环境，而下一个环境又会反过来影响我们的想法，环境与想法相互促进，相互塑造。正如脑神经研究专家拉亚·博伊德博士在 TED 演讲中提到的："你和你的可塑型大脑不断地被周围的世界塑造，你所做的每一件事、遇到的每一件事，以及你所经历的一切，都在改变着你的大脑。这可能带来更好的结果，也可能造成更坏的结果。"所以我们要想办法主导自己的经历，以营造更好的环境来塑造自己。

除此之外，我们还可以借助想象力，开拓一个理想的虚拟环境，进一步摆脱现实力量的影响。

比如，我们看到身边的人都在玩手机游戏或闲聊打发时间，可以想象自己当时并未在现场，而是和另一群优秀的人在一起，此时我们就知道自己该做什么了。这种方法可以被称作"**跳出空间**"。

再比如，当我们沉迷娱乐虚度光阴时，可以想象十年后的自己是什么样的人，通过未来视角审视现在，就知道现在应该怎么选择了。这种方法可以被称作"**跳出时间**"。

如果你经常阅读，其实就建立起了一个虚拟环境，因为每本书都是一个"高人"，经常和他们交流，自己就会不知不觉地受到影响。我们还可以借助网络的力量，连接一些厉害的人或加入一些优秀的社群，看看别人平时在说什么、想什么、做什么，这也会无形地影响自己，使自己做出更有益的选择和改变。总之，只要我们一心向好，即使当前所处的环境不够理想，我们也能想办法做出改变。

我相信，你肯定不会认为本节在单方面鼓吹"努力无用"或"环境第一"，毕竟环境和努力是成长的两条腿，少了哪一条都不行。在任何时候，努力这个品质都不可或缺，但借力环境让自己“偷懒”，其实是更具眼光的战略选择。这无关道德品质，而是智慧聪明的体现。

当然，等你哪一天成功变得更好了，若是还能反哺原来的环境，让更多愿意努力的人在自己的影响下“偷懒”并取得成就，那再好不过了。

第二节
多维：不读书的人，没什么好焦虑的

读书这件事被“神化”得太久了，特别是当查理·芒格的读书名言——“我这辈子遇到的聪明人没有一个不是每天都读书的”——广为流传之后，很多人几乎把读书与学习、人生成功画上了等号，认为一个人要想有所成就，就必须读书，否则这辈子都可能会“不入流”。

于是在主流观念中，读书似乎成了提升认知的唯一途径，这让很多平时不怎么读书的人焦虑不已。这些人对阅读一直没有什么好感，抱起书本就会打瞌睡，或是感到极度乏味，这种“想要又得不到”的状态常常使他们陷入一种望洋兴叹的痛苦。

不过，很多时候我们的痛苦往往是因为对现实结果视而不见，只用最明显的观点来以偏概全。就拿读书这件事来说，“读书 = 学习或成功”这个公式显然不是事实，因为你只要稍微观察一下现实就能发现，很多人即使常年读书也未必活得如意，而很多不读书的人却能过得风生水起。

可见，读书并不是人生成败的分水岭，那么真正的分水岭在哪儿呢？答案也是两个字：**维度**。

学习的秘密在于同时调动多维度感官

就学习而言，我们大多数人会认为学习就是大脑中的思维活动，其实这是一种非常狭隘的观点。真正的学习绝不仅仅涉及思维这一个维度，它包含视觉、听觉、味觉、嗅觉、触觉等所有感知维度。

我们之所以认为思维是最主要的学习维度，是因为思维存在于我们的意识范围之内，而其他的感知维度则处于我们不易察觉的潜意识范围。比如，单是眼睛每秒向大脑传送的信息量就有约 1000 万字节；其他感觉，如触觉、听觉、嗅觉、味觉加起来每秒向大脑传送约 100 万字节的信息。面对汹涌而来的感官信息，我们的意识根本无力处理，只能交由速度极快的潜意识来掌控和支配。在这个过程中，潜意识会事先进行“分流”，决定哪些信息可以被忽略，哪些信息由潜意识来处理，哪些信息要被传送到意识层面。所以很多信息根本就到不了我们的意识范围，我们自然也就无法感知。

但是感知不到不代表它们不存在或不重要。事实上，那些我们感知不到的信息可能更重要。就拿那些平时不怎么读书却依然成就很大的人来说，他们虽然很少通过阅读来进行思维活动，但是他们有机会经历很多大事，见到很多高人。在那些经历和环境中，他们能看到高人们如何应对复杂的情景，听到高人们切中要害的言论，感受成就一件事的辛酸和不易……

具体的表情、声音、动作、情绪、氛围，使他们的各种感官得到了刺激和调用。不知不觉中，他们的潜意识完成了大量有效信息的输入。加上我们大脑的边缘系统中还有镜像神经元，会让我们不自觉地模仿身边的人和事，所以那些不读书却经历丰富的人虽然看上去并没有正儿八经地学习，但实际上他们已经学习了很多。

反观读书这件事，它就显得很单薄了。单纯的阅读只是调动了思维这个单一的维度，虽然调动思维能进行高效的记忆、分析和推理，但看上去更像一个智力游戏。这种学习会让我们以为自己学了很多，但如果没有具体的实践、没有让其他感官维度都参与进来，这些知识和道理往往很难被真正运用。**而无法运用的知识，学得再多又有什么意义呢**？所以一个人若只是沉迷于读书而不注重实践，就会面临“道理都懂，但就是过不好这一生”的局面。

电影《和平战士》里有一句经典台词说的就是这个道理：**知识和智慧不是一回事，智慧是去实践**。

罗尔夫·多贝里也在《明智行动的艺术》一书中提到：“知识有两种类型：用语言描述的知识和非语言描述的知识，我们往往过度地重视了用语言描述的知识。重要的知识在实践中，请你把对文字的敬畏放到一边，从现在开始停止阅读，做些可能会失败的尝试。”

《如何高效学习》的作者斯科特·扬也表示：“知识中的很

大一部分存在于潜意识中，这部分知识如果不去运用就得不到很好的发展。”

研究者们认为，好的学习不仅仅停留在类似于阅读或知道这样单一的思维层面，而要通过实践让潜意识的各个感官参与其中。维度越丰富，学习的效果就越好，因为**学习的秘密之一就在于同时调动多维度感官**。

从这个角度看，与高人交谈，在优秀的环境中生活、实践，都是更好的学习方式，比单纯读书要强。要不然为什么古时候山中的老人们即使大字不识几个，也能活得很智慧呢？因为他们扎实地践行了一些为数不多的行事准则，诸如“今日事，今日毕”“路遥知马力，日久见人心”“常在河边走，哪有不湿鞋”这类通俗易懂又好记的人生道理。

这些道理就是我们所谓的知识，而这样的知识真的不用多，只要扎扎实实地践行，在生活的各个场景中能想到、做到，让它们从脑子里融化到身体里，知识就变成了智慧。如果没有实践，一个人即使知道再多的概念和道理，也无法在需要的时候将它们提取出来，这样的人更容易焦虑。

也正因为如此，很多年轻人总是对“干巴巴的道理”置之不理，但是等他们经历了一些事，体会到具体的困惑之后，如果有人再当着他们的面把原先的道理重复一遍，他们就会发出“听君一席话，胜读十年书”的感慨，而这一席话或许他们早就听过，只是有了多维度经历的加持，再理解起来就不一样了。

一个人活到一定岁数，必然能体会到“纸上得来终觉浅，绝知此事要躬行”这句话的真谛，**因为纸上的知识是一维的，而躬行出来的认知则是多维的**。所以在人的成长过程中，除了读书，更重要的还是运用实践、经世致用啊！

学会用潜意识来学习

说起同时调动多维度感官，性爱这件事肯定是极典型的，因为在性爱活动中，人的视觉、听觉、嗅觉、味觉、触觉等所有感官被同时激活，这种综合起来的快感会促使个体主动追求繁衍。基因就是通过这种全维度刺激的策略，不费吹灰之力地完成了自己的复制。

这种同时调动多维度感官的策略对我们的学习也有重要的启示，比如李笑来就做过这样一个观察。

> 以前做老师的时候，我发现即便是背单词，也能看出学生之间的差距。普通的学生只会在那里拿着单词书看着背，而那些会学习的学生则是眼睛看着、嘴里念着、拿笔写着背。同样的时间，一个维度的刺激和三个维度的刺激，怎么可能相同呢？

如果我们能跑到学生的大脑中去观察，就会发现：单纯背单词的大脑里可能只有一个脑区在工作，而边看边念边写的大脑中则至少有视觉、语言、控制手指运动的三个脑区同时工作。

这种多区域、网络式的刺激自然比单个区域的刺激效果要好得多。

飞人乔丹在练习罚篮时的一个特殊方法也很值得我们了解：先睁着眼把球投出，然后闭着眼再投一遍，如此反复。其中，睁眼练习是用意识主导，而闭眼练习则相当于关闭了意识，这个时候就只能逼迫自己动用潜意识来感知和练习了。看来高手们都懂得同时调用多维度感官来学习。

对于学习，特别是技能学习，最终的目的就是训练潜意识，把动作内化，达到不用思考也能快速反应的程度。有意思的是，一旦你学会了某项技能，比如能做到投篮“弹无虚发”，此时让你说为什么投得那么准，你会发现很难讲清楚——单维度的思维和语言在此时显得非常苍白。

即使你能讲出所有要领，别人听了之后也无法马上达到你的水平，他们仍然需要用身体的各个感官经历大量的练习、摸索和体会，最终才能领悟你讲不出来的那部分。

所以，很多时候我们说不清楚自己的技能要领其实是很正常的，因为即使是专家，他们对自己的专业技能也只能清晰地描述 30% 左右，剩下的部分完全是“自动的、无意识的”。这确实说明真正的学习是潜意识的学习，我们不能只盯着单一维度的语言和思维，而应该尽可能让自己的所有感官参与其中，不断地实践与练习。

为什么我们还是要多读书

凡事从两面看。

尽管读书只是一个单维度的脑力活动，但还是有非常多的理由去做，原因如下。

一是与高人交流或在优秀的环境中生活，成本是很高的，除非天生运气好，否则一般人不一定能时常如愿。反过来看，读书的成本则相对较低，任何人都可以尝试。

二是万一你生活在一个不良的环境中该怎么办呢？毕竟“人文环境”对一个人的影响是巨大的，而我们又无法随意选择环境。这个时候，读书就能最大限度地帮助我们摆脱现实环境的限制，让自己对生活有更多的选择权。

三是大多数人只能在一个相对固定的环境中生活，时间长了感官也会逐渐适应，产生不了新的刺激。而读书则不同，我们今天可以读这本书，明天可以读那本书，不同的书可以让我们经历不同的时间和空间、面对不同的人物和思想、见识丰富的环境与场景，这可以在很大程度上弥补现实环境的不足。

四是读书虽然是单维度的思维活动，但是它可以帮助我们从多角度看待问题，这也是思维练习的优势所在。我们的知识丰富了、逻辑清晰了、视野开阔了，就可以为后续的实践和提升储备能量。

五是读书能提高对环境的感知度。有了知识、逻辑和见识，只要善于结合实际，我们就能比别人看到更多。在同样的环境下，不读书的人只能靠蛮力尝试，读书的人可以靠巧力智取。即使是出门旅行，不读书的人看到美景也只能说一句："哇，真好看！"而读书的人则能应景地说出："无边落木萧萧下，不尽长江滚滚来。"

人还是选择读书好。

仅凭经验生活，前期确实可以走得很快、很轻松，但后期容易乏力，而知识可以让人厚积薄发。那些不读书却依然很有成就的人如果开始阅读，或许成就会更大。

另外，我还有一个猜想：一个人开始读书的时机太早或太晚可能都不太好。读书太早的人容易成为"书呆子"，因为那时缺乏人生经历，脑中堆积了太多单维度知识，知识落不了地；而一个人一旦过了某个年纪或许就很难再静下心读书了，毕竟原先的方式已经驾轻就熟，再想通过转换思维来学习需要重新练习，太累。

所以介入阅读更理想的时机，或许正是一个人既有一定的人生经历，又有一些人生困惑的时候，此时读书往往会以解决问题为目的，知识和阅历能相互融合，意识和潜意识的所有维度也能有效结合，可塑性最强。当然，这只是一种猜想，读不读书以及什么时候开始读书最好，现实结果会是最好的评判师。

总之，一个人就算不读书，也没什么好焦虑的，不要被众人的观点所挟持。只要你能够创造条件调动自己的多维度感官与优秀的人和事打交道，现实生活会证明你学到了什么。

如果你既能调动多维度感官从现实中学习，又能扎实实践触动自己的道理和知识，此时若你还能拥抱阅读、热爱阅读，那你早晚会成为一个了不起的人！

第六章

成事——做到，是最高等级的成长

第一节

目标觉醒：如何找到自己的人生目标

《认知觉醒》出版后，我收到了大量的反馈，其中读者“Lucas”提了一个极好的问题，他说：“如果我们按照《认知觉醒》中的建议去实践诸如消除模糊、解决焦虑、早冥读写跑等一系列活动，那做到何种程度才算觉醒呢？就像一个人通过发烧、流鼻涕、打喷嚏就可初步判断为感冒，一个人的觉醒又该如何判断呢？”

事实上，在《认知觉醒》的自序里，我已经提到了部分答案的线索，不过现在来回答这个问题显然时机更好，因为在我看来，判断一个人是否觉醒有三个依据。

一是“愿望觉醒”，即一个人从不知道要变好到想要变好，从“浑浑噩噩”的状态转而开始对“美好生活”有了强烈的向往。

二是“方法觉醒”，即一个人从不知道怎么变好到知道怎么变好，其行动力从盲目的毅力支撑升级到科学的认知驱动。

三是“目标觉醒”，即一个人开始寻找自己的人生目标，并努力去做成一件或多件对自己和他人有用的事，让自己成为一个很有价值的人。

其中，“愿望觉醒”和“方法觉醒”是《认知觉醒》的主要内容，而“目标觉醒”则是本书要解决的主要问题。这三个觉醒层层递进，正如一个人从睁眼到完全清醒不是一瞬间的事，它是一个逐渐实现的过程。所以“目标觉醒”就是我们判断一个人是否真正觉醒的最终依据，同时它也是个体成长的高级阶段，因为**做到，是最高等级的成长**。

一本好书，绝不能让人仅仅感到很有道理，而应该让人在感到有道理的同时还愿意去行动、知道怎么行动，并最终使自己的生活发生改变。做到并改变，就是本书的最终目标。现在，就让我们一起综合本书及《认知觉醒》中的知识去达成这个目标：**至少主动做成一件对他人很有用的事**。

“做成一件事”听上去很简单，实际比想象的要难，不信你可以回想一下，有多少事是我们自己真正主动做成的呢？早起、跑步、阅读、写作、健身、减肥、学习外语、练习钢琴、抵制手机信息……可能你都尝试过，但最后又都放弃了。

我们真正能主动做成的事其实很少很少，所以培养“主动做成一件事”的能力非常有意义，因为我们只有在知道如何主动做成一件事并真正做到之后，才有可能继续做成第二件、第三件……否则只能永远在第一件事的“做”与“放弃”之间徘徊。

不过在开始之前，我觉得有必要先明确一下主动做成一件事的标准。我对它的定义是：**在没有外力的要求下，自发地做一件事，并让它成为自己的一部分或形成一定的影响力**。

具体解释一下。

首先，这件事是一个自发的长远目标，而不是被外力强制去做的短期目标。比如，在极短的时间内大幅提高学习成绩、通过考试，或是在短期内弥补自己的能力短板、摆脱职场困境等，这些有外力束缚且需要在很短的时间内见到效果的目标或许并不适用，因为速成并无可能，本书的方法论主要适用于长远的成长目标，而且最好是没有外力约束的自发愿望。

其次，如果你决心去做一件事，那就一定要想办法把它做成，而不是随便玩玩。比如你要养成跑步的习惯，那就让这个习惯成为你自己的一部分，直到你不做它会感到难受；比如你要学钢琴，那就不能满足于会弹、能弹，而是要弹出点名气，让自己在演奏圈占据一席之地、有自己的作品，甚至让它成为自己的兴趣与谋生手段的结合体，成为你人生的一个重要支点。**总之，你想养成习惯，那就让习惯成为自己的一部分；你想培养技能，那就让技能形成一定的影响力**。

可能你之前并没有想过，为什么一件事情要做到这种程度才算是做成呢？因为我们的生命其实非常有限，如果不在自己认为非常重要的事情上集中心力打几个点，我们在这个世界上留下的痕迹将非常浅。当然，追求“留下痕迹”并不是为了给自己博个好名声，而是因为这关乎自己如何度过一生，毕竟没人希望自己到年老时仍一事无成；人们都希望自己能在某一领域留下受人尊敬的作品或贡献，从而与这个世界产生密切的联系。毕竟我们追求的幸福就在我们个人的正面影响力里，所以

“做出点名堂”是你我必然的追求。

有了以上共识，我们就可以更好地主动做成一件事了。下面我将从目标、周期、方法和策略四个方面逐一展开介绍（本节主要讲目标）。

目标·做成一件事的起点

如果你现在正处于想要改变但又不知道怎么开始的迷茫状态，那只需要做一件事：**培养一个对自己和他人都很有用的技能——这是成长改变的必经之路，也是保证生命精彩的重要基石**。因为理想的生活不会主动到来，只有当我们在某一方面有独特的能力或价值时，它才会跟随而来，我们只有掌握过硬的技能才能变得有本事，去做别人做不了的有用之事，才会更有价值。所以，此时的目标必然是培养一个具体的技能，而不仅仅是养成一两个习惯。这个技能最好具备以下属性。

- **它必须是有“价值”的**——在三年、五年、十年后甚至更久的时间里都有用，为此，我们需要大量学习这个领域的新知；
- **它应该是能“利他”的**——能解决自己和他人的痛点或能给这个世界带来极度的美，且受益的群体越大越好；
- **它最好是可“复制”的**——复制属性可以让我们有机会获得大量的正反馈，同时拥有人生的无限可能；

- **它往往是要“跨界”的**——通过与其他技能进行复合，获取属于自己的独特优势。

当然，我们还应该把目标“**写下来**”——写清楚它是什么，以及它对自己的意义和关联，这点十分重要。大多数人，包括曾经的我都不知道自己真正想要什么，心中只有一个大概的、模糊的想法，比如成为一个很厉害的人、成为一个很自律的人、成为一个很有钱的人，等等。这种笼统而模糊的想法只会让我们在原地焦虑地转圈，但当我们试着把这些想法写下来，用白纸黑字描述出来时，眼前的迷雾就会慢慢散去。

如果你真的去写了，就会发现写清楚目标并不容易，而且还会遇到“有很多想法，但无法确定哪个是真正的目标”的情形。此时我们就应该运用“**假设**”原则，基于当前所有的可用信息先确定一个最接近的目标。不管多艰难，我们都得先有一个目标，然后以此开始行动。

在确定目标的过程中，我们还要克制自己想同时做很多事的欲望和冲动，**只选择最重要的一个目标**，然后集中心力去做成，等做出名堂之后再去追求下一个。请相信，暂时放弃其他目标不会带来损失，相反，它会让你有真正的收获，因为充裕的时间和心智带宽是我们做成一件事的基本条件。

如果连基本的时间都不能保证，我们就会在多目标面前陷入精力不足、疲于奔命、一有干扰就会计划大乱的境地，然后焦虑地发现，虽然自己很努力，但就是学不深、学不精、学不出名堂，最终一事无成。其实这些都是现实提醒我们主动精简目标的信号，毕竟**现实结果是最好的评判师**。

在《最重要的事，只有一件》这本书中，作者加里·凯勒和杰伊·帕帕森也反复提醒我们，在寻找人生目标的时候一定要多问自己这个问题："**我做哪件最重要的事之后会让其他事情变得更简单或者不必要？**"这既是只做最重要的一件事的好处，也是判断这件事是否有意义的标准。所以请放下"多"这个执念，把精力集中到最重要的那件事上去。

当然，在行动之前我们还应该花时间思考做这件事的意义与好处，将这件事变成自己的**刚需**。所谓刚需，直白地说就是类似吃饭和睡觉这样的事。**如果一件事对你来说是可做可不做的，就算没有它你的生活也不会产生多大的变化，那它就不是你的刚需**。无论是跑步、写作、编程还是学外语，一旦你找到那件刚需之事，那么其他的事你就不需要考虑了，因为你会在吃饭、睡觉的时候都想着这件事。在这种状态下，你哪里还会有惰性和阻力呢？至于如何找到自己的刚需，这件事还真没人能帮你，只能靠你自己花时间去学习、去思考、去行动、去反思、去感受。

说到感受，我们千万不要忘记《认知觉醒》中的**触动法**①——学会用感知力代替思考力，以此发现自己的人生使命。诸如一稼提出的六条寻找人生使命的建议和卡洛琳·亚当斯·米勒提出的三个问题，都是极好的筛选方法。我建议你重

① 请参考《认知觉醒》第二章第二节"感性：顶级的成长竟然是'凭感觉'"。

视这些方法，因为一旦我们找到了真正触动自己的事情，那这里所讲的方法可能对你来说都不重要了。

当然，我们首先还是要走好常规路径，努力发现自己的刚需，毕竟“真正的触动”并不容易遇见。对大多数人来说，刚需确实不是一开始就有的，而是需要培养的。培养的方法就是在做中想，在想中做，不断学习新知识，把所有的好处和理由都清晰化，然后在实践中体验、强化，最后固化为自己内在的驱动力。这些理由越清晰、越具体、越多维，我们的行动力就越内在、越强大、越持续，别人想扑都扑不灭。只有这样时不时地琢磨，我们的刚需才会慢慢建立。

我在《认知觉醒》中用了一章的篇幅来写“早冥读写跑”，因为这些事都是我的刚需。现在，我在做这些事时已经不需要最原始的热情了，因为我有充分的理性认知支撑自己，甚至觉得不去做它们是自己的损失。当然，通过大量的实践，我也切实体会到了做它们的好处。我想这也是选择写作这项技能的一大优势：它可以让我们在想做的事上比其他人想得更清楚，进而显得更有毅力或动力。

对大多数人来说，思考是件很累的事，所以人们喜欢随波逐流地做选择，喜欢一上来就一头扎进具体事情的细节里，喜欢在饱和的行动中感动自己，但对事情本身的思考却避之不及。“想”与“做”的时间配比悬殊，而大多数人竟认为这种现象不足为奇。

要想主动做成一件事，我们首先应该主动改变这种“做多想少”的默认思维模式，在“想清楚目标和意义”这件事情上花更多的时间。只有真正想清楚了，我们才不会把肤浅的欲望当成目标，陷入“别人说好，自己也想要”或“努力三天就反弹回原形”的境地。

另外，在思考和行动的时候别忘了还有一件更重要的事——主动进行身份建设，时常提醒自己应该“**成为一个什么样的人**”。

人生的两种驱动力

如果你仍然想不清自己该做什么，那就想想自己当前最迫切的问题或痛点吧，因为**需求总是最好的牵引**。只要我们直接去解决现实问题，我们就能从中得到最及时的反馈，而这种反馈往往会成为我们发现人生目标的重要线索。因为我们若能解决自己的痛点，那大概率也能解决别人的痛点——毕竟人会面对很多共同的问题。因此，我们解决问题的本领就有了“利他”的机会。

潜能大师托尼·罗宾斯说过，**人的驱动力分为两种：逃避痛苦和追逐快乐**——这也体现了我们大脑趋利避害的特性。所以我们要特别留意生活中的痛苦和喜悦，因为它们才是自我改变的底层驱动力。

《刻意学习》的作者 Scalers 就是这样开始改变的。他在从事写作工作之前也是一个很懒散的人，经常把时间用在看电视上。一天，他在看综艺节目《爸爸去哪儿》的时候，突然意识到节目里展现的优越的生活条件、有趣的生活场景都需要良好的经济基础作支撑，如果自己今后是一个没有本事的爸爸，他似乎“哪儿也去不了”，既不可能有电视中那样敞亮的家，也不可能谈笑风生地生活，只能为生计奔波。想到这里，他几乎要跳起来，因为他无法忍受自己将来要面临“没办法”“迫不得已”的情景，于是决定为自己做点事情。

Scalers 的可贵之处在于，他能在真正的痛苦到来之前就运用未来视角对当前的状态进行审视，从而让自己提前感受到痛苦，并以此驱动自己。可惜的是，生活中的大多数人都缺乏这种自我觉察的元认知能力，所以对生活中的痛苦和喜悦不够敏感。他们每天有吃有穿，也有事情做，但就是对自己的人生很迷茫；他们对眼下的生活不够满意，但似乎也能忍受；他们对未来的生活有向往，但不知道自己真正想要的是什么。总之，他们处于那种**“不是特别痛苦，也不是特别喜悦”的中间状态，前无拉力、后无推力**，心里想过更好的生活，但身体充满惰性，于是成天在“想变好”和“想偷懒”之间拉锯，无法主动做成一件事。

可见，生活中的痛苦其实是我们宝贵的人生资源，它会鞭策我们去改变现状，并给我们指出努力的方向。从这个角度看，我们非但不应该去抱怨它，反而应该去观察它、放大它，甚至感谢它，因为一个缺少痛苦的人往往会碌碌无为。

当然，痛苦不是我们永远的驱动力，也不应该是永远的驱动力。我们借助痛苦起步，但目的是远离痛苦、奔向喜悦，比起被动的痛苦，人生更高级的驱动力是主动的喜悦。所以我们应该学会运用诸如在舒适区边缘努力、产出作品获取反馈等策略让自己在成长途中走得尽量轻快，同时尽早做好准备，在痛苦这个驱动力消失之后主动切换到愉悦这个驱动力上。

这种想法是必要的，因为终有一天你会解决眼前的痛点和问题，进入一个相对无压的状态，甚至在巨大的成功面前，你会产生“一劳永逸”的心态。如果是这样，那你一定会面临新的迷茫期，因为随着原先的痛苦减少或消失，它带来的驱动力也会随之减少或消失。

此时，一个聪明的成长者一定会提前布局，借助已经拥有的无压环境，积极探索新的人生目标，从内心出发去做自己喜欢的事情，让自己在喜悦的激励下继续创造新的价值和成就。否则，我们很可能慢慢回到喜悦和痛苦的中间地带，然后再次陷入迷茫，直到重新跌入低谷、出现新的痛苦后才开始改变，周而复始。

一个人如果只在痛苦的时候才知道改变，那他的人生一定是被动和低效的，但如果我们知道人生有两种驱动力并有主动转换的意识，就可以掌握更多主动权。

这一点，在电影《夺冠》中被演绎得淋漓尽致。

2013 年，郎平带领的“90 后”新生代女排连连失利，遭遇了中国女排 38 年来最差的成绩。在重整旗鼓的过程中，郎平让每个人填写问卷，其中两个问题是：“你为什么打球？你爱排球吗？”但几乎没有人回答。于是郎平就带着队员们到老女排以前的训练馆去寻找这个问题的答案，并要求她们：**如果想不出来，晚上就全睡在这里继续想**。这段经历让队长朱婷终于明白打球不是为了爸妈，也不是为了成为郎平，而是为了成为自己。从此她开始蜕变。

2016年奥运会，中国对巴西比赛前夕，郎平在动员时对球员们说：“曾经有一位外国记者问我，你们中国人为什么这么看重一场排球比赛的输赢？我说因为我们的内心还不够强大，等有一天，我们的内心强大了，就不会把‘赢’作为比赛的唯一价值。我们这代人是苦过来的，做什么事情**身上都背着沉重的包袱**，而我现在的责任就是帮助你们好好**享受体育本身，开心地去打球**。过去的包袱由我们这一代人来背，你们应该打出你们自己的排球，放心地去打，放开了打，豁出去打。”最后，中国女排一路过关斩将，再次夺冠。

这个片段之所以触动我，是因为它揭示了一个团体和一个人成长的共同秘密：专门花时间去思考意义，想清楚为什么要做这件事；主动转换驱动力，从老一辈人的痛苦驱动转向新一代人的喜爱驱动——她们都夺得了冠军，但内在的驱动力完全不同。

个体的成长也是一样的。要想做成一件事，我们首先得在想清楚意义上多花时间，而且在最初阶段，我们通常需要靠痛苦驱动，因为这时候我们什么也没有，特别在乎输赢胜负。在痛苦的逼迫下，我们努力奋斗，改变自己，但最终走得更远的，一定不是那些在痛苦消失之后就止步不前的人。走得远的人必然会主动转换动力源，在内在喜悦的加持下继续前行。

试错

真正的人生目标往往不是一开始就能找到的，它通常需要我们经历一个试错的过程。可惜很多人由于缺乏试错意识，心里面总希望一步到位，不想走一点冤枉路，结果反而陷入困境：要么思维懒惰，抱着一个模糊的想法盲目坚持；要么不确定自己的想法是否正确，怕浪费时间，以致在起点反复蹉跎。

要想走出这种困境，我们就需要给自己提前建立试错意识和试错空间。这听起来好像有些抽象，不过我们可以用“蜜蜂”和“苍蝇”这两种生物来帮助理解。

美国密歇根大学教授卡尔·韦克做过这样的实验：他把六只蜜蜂和六只苍蝇同时装进一个玻璃瓶里，并将瓶子横放，瓶底朝着窗户，观察它们谁先飞出去。结果六只蜜蜂一次次地撞向瓶底，试图从这里飞出去，直到筋疲力尽，奄奄一息。而那六只苍蝇可不管什么瓶底和瓶口，它们只是在瓶子里乱飞乱撞，结果不到两分钟便纷纷从瓶口逃之夭夭。

人们常用勤劳的蜜蜂来夸赞人，用无头苍蝇来贬损人，但在某些情景下，蜜蜂也有不足之处，苍蝇也有可取之处，只要取其所长，自然能更好地做成事情。

就个人成长而言，我们也应当扬长避短：在刚开始进入一个新领域时主动开启“苍蝇模式”，让自己尽情地试错，这样才有机会找到“出口”；一旦找到“出口”，我们再主动调成“蜜蜂模式”，全力奔向自己的人生目标。至于如何判断是否找到了目标，只需要参考前文中的“价值、利他、复制、跨界、刚需、触动”等要素。

总之，不要一上来就做蜜蜂，也不要永远做苍蝇，我们要学会主动转换，而且一定不要吝啬试错的时间，因为试错本就是一个不可或缺的环节，期间所有的经历都会成为我们实现人生目标的铺路石。只要你一心向上，人生的每一步都不会白走。

我很想告诉你具体应该选择什么目标，但这显然是不可能的，因为每个人的情况都不同。好在上述原则和方法是通用的，它适合每一个人。如果有那么一条或多条被你运用，我相信你找到人生目标的概率会大大增加。所以请你一定要去实践，也祝你早日找到自己的人生目标。

第二节
成事之旅：如何达成自己的人生目标

周期·如何保持耐心、不焦虑

想清楚目标并非万事大吉，因为它只帮我们克服了避难趋易的天性，要想主动做成一件事，我们还得跨越急于求成这个障碍。

为了更好地跨越障碍，我要向你介绍漫画师戴维·萨拉奇诺在2012年创作的一幅连环漫画《11辈子》，大意是：**一个人精通一项技能大约需要七年时间，而很多人一辈子通常只学一项技能，如果以七年为周期，我们这一生其实可以活很多辈子……**

这个理念深深地触动并改变了我。

我第一次知道这个漫画是因为李笑来的一本在线书《新生——七年就是一辈子》。他在书中建立了“七年就是一辈子”的概念并亲自实践，我也很喜欢这个说法，因为七这个数字很神奇，一周有七天、北斗有七星、人有七窍、地球有七大洲、肉眼可见的彩虹有七色等。还有一种不是很准确但基本可信的说法，即一个人体内的大多数细胞大约七年会更新一次，从这个角度看，七年后我们相当于又是一个“全新的自己”。于是我也决定实践“七年就是一辈子”理念，而在第一个七年中，我选择了写作这个目标。

巧合的是，开始写作那年我正好 36 岁，粗略一算，此前刚好“浪费”了“五辈子”，所以我把 36 岁那年当作自己的“觉醒元年”。“五辈子”不算短，但面对这些曾经“浪费”的时间，我并没有陷入惋惜和后悔，因为我知道后面还有“好几辈子”等着我去主动经历。令人震惊的是，等我真正开始实践这个理念后，我发现“七年就是一辈子”的力量实在太强大了。细数起来，其力量至少体现在以下三个方面。

一是它能让人彻底告别焦虑，不再急于求成。在此之前，我总以为 21 天就可以养成一个习惯，认为半年或最多一年就可以练就一项技能，至少也能练得差不多。但事实上，无论是养成一个习惯，还是培养一项技能，我几乎从来没有主动做成过。在那些反复尝试、反复失败的日子里，我的心理标尺都很短，凡事都急于求成，希望马上能看到效果，而一旦遭遇失败或看到别人做成了，我又会感到极度焦虑。这样的经历多了，我就开始慢慢失去信心，总感觉自己很没用。

但是，自从我把心理标尺拉长到七年之后，所有的焦虑、浮躁一下子都消失了，我突然觉得时间很充裕，一点都不着急了。我开始能静下心阅读每一本书，不再追求数量，也不再追求速度，而是把“改变”作为衡量自己学习成果的标准，结果反而发生了明显的变化；我开始尝试输出，尽量用自己的语言把所学知识重新关联并解释出来，结果不经意间拥有了写作深度长文的能力。在七年周期的影响下，我开始能够不断调整自己的认知、**主动降低心理期待**，告诉自己要能忍耐暂时的进步缓慢。从七年的时间跨度来看，当下的沉寂不算什么，我相信只要盯着长久价值去持续学习和产出，就一定能走到复利曲线的拐点。所以即使在没人阅读、没人点赞、没人反馈的日子里，我也不浮躁，不会因阅读量少而打乱自己的节奏。

二是它能让人聚焦目标并拥有真正的成果。除了急于求成，很多人无法主动做成事情的另一个原因就是欲望太多，总想同时达成很多目标。但如果在七年的时间里只专注于一个领域或只做一件事，我们就会变得非常从容。比如，在此之前，我一直希望自己能同时掌握英语、编程和写作，结果东一榔头、西一棒子，没有一件事情能够深入。当我暂时舍弃英语和编程这两个目标后，情况立马发生了变化。

在不到四年的时间里，我竟然不紧不慢地产出了100多篇深度文章，并写出了两本书。这就是在足够长的时间里持续做一件事的力量，它使我有成果且从容。虽然在此期间我同时培养了早起、冥想、阅读、跑步等习惯，但它们本质上都是围绕写作这一目标展开的，所以彼此并不冲突。

就算我们一开始不清楚自己的目标是什么，我们也有足够的时间去试错，比如允许自己用一到两年的时间去寻找目标。

毕竟我们有七年的周期去做成一件事，完全不必着急。

所以千万不要觉得用七年的时间去做一件事节奏太慢，**如果我们真能在每个七年彻底做成一件事，那这一生的成就也将非常璀璨**。

三是它能够让人持续学习，终身成长。“七年就是一辈子”犹如一个时钟，到点了它就会提醒我们更换赛道，走出舒适圈，去接受新的挑战。这种机制不会让我们始终做自己熟悉和擅长的事，它会逼迫我们不断探索新领域、学习新事物，这样我们就可以让自己大脑的神经始终保持活力，不会陷入“一劳永逸”的状态。

可以想见，我们有了从容的心态，有了成果的保障，再拥有持续的自我挑战机制，那我们必然会成为一个终身学习者和终身成长者，即使到了老年，我们依然有能力主动获取健康、成就和幸福。

当然，有些人的目标不是培养技能，而是养成早起、跑步或阅读这样的习惯。对于这类目标，达成期限当然要短得多，但我想，肯定不是 21 天。

2009 年，伦敦大学开展了一项“养成一个习惯需要多长时间”的调查，其习惯养成的标准是：**必须使这些习惯根深蒂固，成为自己毫无觉察的行为**——这和我们“成为自己的一部分”这个标准非常吻合。调查显示，养成习惯的平均天数是 66 天，最长 254 天。所以，我要想养成一个习惯，通常会按至少半年的期限来规划，也就是至少持续 180 天。不做到这个程度就不谈自己到底喜不喜欢、难度是否太大等，因为如果连基本的周期都维持不了，谈其他客观条件没有意义。

不管你是否接受“七年”或“180 天”的建议，现实结果总会告诉你什么选择是正确的。如果你最终没有在很短的时间内做到或做成一件事，其实就是现实结果在给你提示。如果你一次又一次地碰壁，那就应该停下来仔细想想自己是否应该放下“速成”的妄念、放下这种“同时想要很多，马上就想实现”的期许。有时候，只有放弃这种“安全感”，自己才能真正进入安全地带。

说到安全感，我想你最关心的应该是这两个问题。**一是**如果我决心用七年的时间去做一件事，就一定能确保成功吗？万一做了那么长时间还是老样子，岂不是损失更大？**二是**我现在已经人近中年，再花七年投入做一件事，是不是太晚了？

有这样的担心很正常，不过关键得看我们怎么理解。

先说第二个问题吧：现在投入到底晚不晚？关于这一点，我认为一些励志故事其实就很有说服力，比如新东方创始人俞敏洪 28 岁的时候被北大处分开除，冬天拎着糨糊满大街贴招生广告；任正非 43 岁才创立华为，而此时他刚遭遇被骗、离职和离婚；褚时健 73 岁还在坐牢……

放眼一生，人生其实没有晚的时候，只是很多人心中始终有“成名须趁早”的执念，觉得不在自己年轻的时候成功，人生就没了希望，于是产生了焦虑急躁、破罐子破摔的心态，这种心态反而会成为自己一事无成的“自证预言”。

只要我们把目光放长远，就会发现人生其实还有很多机会，即使错过了现在，还有“好几辈子”可以重来，根本无须慌张。甚至你还会觉得现在很早，毕竟我们的年龄已经无法改变，而花七年时间去做成一件事，比碌碌无为地继续过上几十年更明智。所以**千万不要在明明还很早的时候就产生战略误判，这真的会让自己错过理想的人生**。

在这个世界上，肯定有些人比我们更有天赋、机会更多，他们在很年轻的时候就取得了他人难以企及的成就，但你也不必羡慕，他们注定是极少数人，而绝大多数人没有这样的条件和机会。如果你已经确定自己无法成为那些极少数人，那就扎扎实实地走价值积累之路吧，这条路适合所有的普通人。

这也是这个世界的有趣之处：可以让价值进行积累。就像写作这件事，知名作者之所以能受到大量关注，并不是因为他们现在的每一篇文章都写得特别好，有时候你甚至会觉得他们写的东西还不如自己，但他们的阅读量就是成千上万，而自己却只有几千或几百，这公平吗？这很公平！因为他们有多年的价值积累作为背书，值得关注！

这无疑给我们开启了一扇未来的大门，因为只要我们现在去积累，也一定能用价值筑起自己的人生护城河，而时间是建造这条护城河的必备材料。

再者，我们现在读高人们写的东西，那以后的年轻人读什么呢？当然是由现在的我们创造的东西！抛开写作这件事，其他领域其实也是一样的，这个世界总是需要有人产出新的、有价值的东西给后人指导或消费，**而这个价值生产者，从来没人规定必须是谁，读到这里的每一个人都可能是，也都可以是！**所以不要只看眼前，感觉自己错过了时机、错过了风口，其实机会和风口始终都在，只是自己的价值不够，抓不到，甚至看不到而已。

再退一步说，很多人并不是不懂这个道理，但他们就是缺少定力去实践，所以一旦你真的把自己的目标周期拉长到三年、五年，甚至七年，大概率就可以胜出，因为很多人在中途就放弃了，越往后，竞争的人越少。

那么，关于安全感的第一个问题该怎么解决呢？如何确保自己投入数年时间磨炼技能就一定能变得更好或有持续的进步呢？方法是有的，而且很简单，那就是“刻意练习”。

方法·确保不会白白付出

刻意练习的核心是在舒适区边缘不断拓展自己，由于这个适用于万物的方法论已经在《认知觉醒》中详述过了[①]，这里不再赘述。

总之，不管我们追求什么目标，只要谨遵“让自己始终游走在舒适区边缘”的原则，**花大量时间对作品（产品）进行持续的修改和打磨**，每次做到当前最佳水平，再辅以时间的力量，

① 请参考《认知觉醒》第五章第一节“匹配：舒适区边缘，适用于万物的方法论”。

我们的能力圈和价值圈必然会持续扩大，而这种扩大也必然会将我们推向价值交换之路。

策略·确保付出有所收获

无论是目标、周期还是方法，最终它们都指向了同一处——**产出深度价值，即制定有产出的目标、保持耐心去积累价值、在舒适区边缘打磨价值，如此，我们方有机会参与价值交换**。这就是从做成一件事到有一定影响力的实现路径。

当然，这里所说的交换并不是指带有具体目的的经济交易，而是指客观的社会运行规律。换句话说，当你具备了一些不可替代的价值，并且还能将这些价值展示出去、被他人强烈地需要时，价值交换就已经发生了。正如我写了一些有价值的文章，它们得到了广泛传播，才有机会被“人民日报”的编辑发现并转载，因为他们也需要优质的内容，而被“人民日报”官方微博转载之后，我的个人影响力也在无形中变得更大。这便是价值交换的缩影，生活中所有成功现象无不遵循着这个规律。

现在我们已经可以观察到价值交换的全貌了，如果按等级分，它至少有以下五个层次。

一是只输入不输出。这类人只知道埋头苦学，满足于自我感觉良好的努力，却从不想着要输出点什么，于是他们一开始就没有参与价值交换的机会。

二是有输出但无价值。这类人勤于输出，甚至非常努力，可惜他们始终在舒适区内打转，生产的内容价值不足。他们要么追逐热点，要么自说自话，要么内容过于同质化，除了用努力感动自己，其余所获甚少。无价值或低价值的内容在信息爆炸的世界里必然难以立足，因此，输出和价值必须合而为一，方能迈过价值交换的分水岭。

三是有输出、有价值但积累不够。如果我们的输出越来越受欢迎，甚至时不时有意想不到的爆发，说明我们已经在价值创造的路上开始小跑加速了，但这时还请保持耐心，几次爆发并不能说明问题，持续稳定地高质量输出才能让我们走到复利曲线的拐点。

四是有价值、有积累但借力不够。当越来越多的人愿意主动帮我们传播时，说明我们自身的价值积累已经足够丰厚，此时可以主动参与交换，在价值观相符的更高平台展示、投稿或合作。只要价值足够大，其他人就会需要我们，愿意为我们传播，这是一个互利的过程。就算对方不理睬、不接受、不回应也没关系，我们并不会损失什么。

五是如果我们自己的产出确实很有价值，那么想办法让更多人知道、使更多人受益就应该成为我们的责任。这既是对自己负责，也是对更多有需要的人负责。这种共赢信念必将让我们走到**自传播的最高阶段**，那时，你会发现似乎“整个世界”都在主动与自己连接。

如果你认可价值之路，也愿意走价值之路，那就时常审视自己所处的阶段吧，相信这个“进度条”会让你看到更清晰的努力框架。

至此，主动做成一件事的原理和方法已全部梳理完毕。这些东西并不高深，也不完全是我的原创，我只是努力实践验证，并对它们做了一个逻辑自洽的关联。思来想去，这些逻辑链条足以打造一条适用于所有普通人的成长路径。

当然，最关键的还是我们的行动，所以剩下的就交给你和时间了，愿你从此获得新的起点和里程碑，也愿你从此与众不同！

结语

顶级的生活不是奢华，而是创造

2010年，由两位农民工出身的音乐人组成的旭日阳刚组合因翻唱《春天里》一夜走红，他们的草根形象深受大众喜爱，网民的呼声将其送上了2011年中央电视台春节联欢晚会的舞台。然而，他们除夕夜刚在春晚舞台上唱完《春天里》，大年初九就被原创作者汪峰禁唱了。

我平时很少关注歌坛，但这件事对我触动很大，因为“原创作品”这四个字第一次在我脑中变得醒目起来。当然，我那时仅仅是觉得有原创作品的人很厉害，说不给唱就不给唱，“牛气”得很！直到自己拿起键盘开始写作，有了一篇篇原创文章之后，才猛然发现自己也已经是一个有原创作品的人了。这次我对“原创作品”四个字的理解却远远不止“牛气”二字，我甚至觉得“牛气”根本就是一种肤浅的误解，因为生产并拥有原创作品的最大意义在于它可以让我们过上“顶级的生活”。

这么说或许有点让人难以理解。在一些人眼里，顶级的生活难道不是名车豪宅傍身、圈内精英云集，白天打飞的，晚上干马天尼[①]吗？生产并拥有原创作品，这算哪门子顶级？

确实，从物质的角度看，奢华的生活可以算是顶级，而且由于资源有限，它注定只能由少数人拥有，但是在这个世界上，物质生活仅仅是可见的一小部分，更大部分不可见的精神世界则完全不是按照这个标准来划分的。在精神世界里，顶级的生活就是创造，且总量不限，人人都可以尝试拥有。

你别以为它只是少数人的事，事实上，它与每个人的幸福息息相关，只是很多人意识不到这一点，以致在迷茫和困苦中度过一生。这一次你可别再错过了，或许改变了这个观念，你就能改变自己的人生。

分层的精神世界

或许你从来没有留意过，我们每天做的事情其实都是有层次的。

比如，我们每天可能都会用手机看公众号文章、刷短视频、使用各种软件；周末和朋友们一起出去聚个餐或唱个歌；积极一点的人，还会坚持阅读、学习外语什么的。

请仔细观察，在这些活动中，我们没有创造什么，只是在

① 传统鸡尾酒，有“鸡尾酒之王”之称。——编者注

消费别人生产或创造的东西。我们消费别人拍摄的短视频、消费作家写的书、消费工程师开发的软件、消费音乐家创作的歌曲、消费厨师制作的美食……当然，做这些无可厚非，毕竟消费也是生活的一部分。

有消费必然有生产，消费层之上便是生产层。我们每天上班和工作所从事的活动就是生产，比如在媒体公司写文案、在书店销售图书、在工厂制造汽车，或是从事各项服务工作。在这个层面上，我们已经脱离消费开始产出，但生产还算不上是创造，更多算是制造，人们只是按照特定的方法把事物从一个形态变成另外一个形态，然后从中获利。

换句话说，人们参与工作和生产多是迫于外界压力，特别是在一些代替性较强的行业中，你能做的，别人也能做，激烈的竞争会使人疲于奔命，所以被动的生产和工作并不容易让人感受到乐趣及意义，一不留神就会使人陷入迷茫和困惑。

那更好的生活方式是什么呢？是创造。

一旦到了创造层，一切就变得不同了。企业家创办新公司、设计师设计新服装、工程师开发新软件、美食家研发新菜品、作者写文章写书、画家作画、音乐家谱曲……虽然他们也可能是在生产，但生产出来的通常是独一无二且对自己和他人有长期价值的东西。有了这些打着自己原创标签的作品或产品，创造者心中就会产生强烈的使命感和人生意义感，因为一旦这些原创作品对外界产生强烈的正面影响，专属于自己的巨大正反馈就会扑面而来。

如此说来，旭日阳刚翻唱汪峰的《春天里》本质上依然是消费，顶多算是配上自己的草根特性重新生产了一下，并没有达到创造层，所以他们火了一下就沉寂了，而原创者始终有生命力，这就是差距所在。

通过如上描述，这个世界在我们眼中已经变得不一样了，它至少由消费、生产和创造三个层次组成。现在我想问你一个问题：你每天投入这三个层次的精力各占多少比重？

层次决定生活

我相信“消费和生产”我们每个人都会涉及，但“创造”就不一定了。毫无疑问，在各个层次投入的精力不同，所带来的人生状态也必然不同，如果我们将大部分时间都投入消费层，每天吃喝玩乐，短时间内确实会很舒服，但时间一长就会觉得空虚无聊。即使天天坚持学习，若没有产出，也会陷入迷茫困惑。

这种困惑，我在为读者咨询时频繁遇到，大意是：虽然每天有吃有喝，也有事情做，心中也有变好的愿望，但就是感觉提不起劲；生活中没有特别想做的事情，也没有特别不想做的事情；不知道自己需要什么，也不清楚自己想成为什么样的人……总之，他们觉得自己就像随波逐流的小船，虽然漂着很舒适，但是没有掌控感，也没有安全感。有的人甚至直接用“不是很想活，也不是很想死”“间歇性踌躇满志，持续性混吃等死”等流行语来自嘲。

如果长时间处于消费层，包括在学习上一味地输入，都很容易导致上述状态，因为**过消费层的生活不需要有目标**。一个人如果没有目标，就会把生活过得极为混沌，甚至把消费变成浪费，让生命在百无聊赖中度过。

而**生产层的目标往往都是由外界牵引的**，一旦外界的牵引消失，自己就会不知所措。比如读者“林影”的境遇就是如此，他平时工作忙碌，注意力都被工作和孩子占据，某天突然空下来（单位放假、老婆上班、孩子上学），竟发现自己无所适从。所以，不管你身处何种境遇，如果自己的注意力和目标始终都是由外界牵引的，总有一天你会遇到这个问题。

没有目标的“消费”和基于外在目标的“生产”都容易使人迷茫，**唯有基于内在目标的“创造”才能使人主动追求生命的价值**。你可以想象，当自己写的文章被他人认可时，当自己写的歌曲被众人传唱时，当自己创建的品牌被人们喜爱时……当自己持续产出高质量的原创作品或产品时，我们就会持续处于巨大的正反馈中，并通过作品或产品带来的影响力与这个世界保持密切的联系。

所以，有原创作品或产品的人不害怕失业、不害怕退休，也不害怕被这个世界遗忘，因为我们本身就在创造岗位——一个独一无二的、被他人强烈需要的且外界无法剥夺的岗位。在这样的岗位上，我们哪里会觉得人生迷茫、缺乏动力，甚至还要“杀掉”时间呢？时间不够用才是真的！

所以，是层次决定了生活。如果你此前在创造层投入的时间几乎为零，又希望自己拥有不一样的人生，那你现在就应该重新审视，开始调整，想办法把自己的时间从消费层和生产层慢慢转向创造层，假以时日，生活就会发生变化。

至此，顶级生活的理论已铺设完毕。我知道你的下一个问题肯定是：话虽如此，但“创造”这件事不是一般人能做的吧？

创造是我们的本能

创造这件事，难吗？或许很难，但在面对这个困难之前，我们或许应该先了解另外一个事实：我们自身就是被创造出来的结果。换句话说，只要为人父母，就必然有一个基因上的“原创作品”——自己的孩子。

《见识》的作者吴军曾在书中提到：**人类幸福感的本源只有两个：一个是基因的传承，另一个就是影响力**。我极其赞同这个观点。

不信你看，天下父母那么多，很少有不爱自己孩子的，即使自己再潦倒，也都希望给自己的孩子全世界最好的关爱。这就是我们对待自己“原创作品”本能的热爱与付出，什么困难也阻止不了。

别说孩子了，一个本子写上自己的名字、一辆车挂到自己的名下，我们对待它们的态度都会变得不同，所以即使一些人在这个世界上什么别的东西都没有创造过，也会拥有孩子这个基因的“原创作品”。我们愿意无条件地为孩子付出。

遗憾的是，就算“基因的传承”如此清晰，很多人也不一定能意识到这一点，所以对另一个不怎么可见的幸福本源——影响力，就更加视而不见了。

很少有人能主动意识到，创造属于自己的原创作品或产品和在现实生活中孕育自己的孩子其实是一回事。孩子是生理上的基因原创，而作品是精神上的思想原创，这就是人生幸福的两大本源。它们的核心都在于创造，不同的是，孩子会逐渐有自己的意志，也会渐渐与父母分离，而影响力则会伴你终生。可见，“创造”原本就是我们的本能，因为每个人都希望自己能够幸福。我们只是暂时被生活迷住了双眼，沉浸于消费层或被迫处于生产层，逐渐忘记了这一点，而现在正是你重新觉醒，重拾“创造”这个本能的时候。

拥有创造的力量

我们之所以觉得创造很难，是因为只看到那些功成名就者现在的成就，却忽略了他们积累影响力的过程，这会让我们认为想在创造层有所建树，难如登天。就像我们觉得周杰伦很厉害，但下意识地会认为自己不可能成为周杰伦那样的人，但是当我们把目光拉回到“创造”诞生的过程时，就会发现其实“创造”并不神奇。

只要注意以下三步，你也能拥有创造的力量。

一是一定要有输出意识。这个道理显而易见，但绝大多数人确实都是在这里被卡住的。不信你可以审视一下四周，很多人都是这样的：一年读上百本书、每天背几十个单词、购买无数网课、沉迷于各类思维模型、常年练习钢琴……但很少有人在读书之后去输出原创文章或实践、在背单词之后去尝试阅读原版书籍、在学习网课之后去解决实际问题，或在练琴之后去尝试谱曲。他们沉迷于各种道理无法自拔，沉迷于重复练习感动自己，就是没有想过要产出点儿什么。

要想有所创造，我们首先得生出一个“孩子”吧！

所以我时常鼓励读者不要沉迷于输入，而要沉迷于输出，不管学什么都要想着产出点儿什么，否则我们就会始终处于消费层、始终处在舒适区内。即使刚开始很“爽”，之后也会慢慢变得“不爽”。哪怕输出的东西十分粗糙也不要紧，至少我们有一个属于自己的“孩子”，有一个与众不同的“原创作品”，只要有了原创的火花，它就可能变成火苗，进而变成熊熊大火。

二是一定要有价值意识。有了输出，是个好的开始，但这还不够，还得想办法让输出有价值，毕竟独特的东西并不意味着一定有价值。虽然从原创角度看，我们拍一张照片发朋友圈比转发别人的链接要强，但由于这样的照片谁都能生产，因此它们顶多有记录生活的价值，而对别人来说，这些照片并无多少特殊价值。有影响力的作品，其价值一定是对外的。也就是说，我们的作品要想产生影响力，必须满足两个条件：独一无二和对他人有用。如果非要再加上一个条件，那就是：长期。综合起来就是：**一定要创造出独一无二且对自己和他人有长期价值的东西**。

此外，我们还要特别关注作品意识。作品肯定是精心打磨过的，无论是内在价值，还是外在呈现，都要以最好的状态示人，这样才能全力汇聚影响力。这就像我们有了孩子，还得想办法让孩子变得优秀，让他成为一个对他人和社会有用的人，同时也要为他精心打扮，以清爽体面的样子示人。我们肯定不希望自己的孩子变得碌碌无为，或整天不修边幅、邋里邋遢。

三是一定要获取反馈。让自己的原创作品具有长期价值并不是一件容易的事，不过一旦有了输出意识和价值意识，我们便可以启动“反馈迭代”策略了。

有了输出，就有机会被他人看到；能被他人看到，就有机会得到反馈。不管这反馈是好的还是不好的，都极为珍贵。只要我们牢牢盯住“对自己和他人长期有用”这个标准，正视并珍惜一切反馈，自己就能始终处在舒适区边缘，不断调整，让原创作品一点点迭代升级，逐步完善。

过顶级的生活和培养一个优秀的孩子，都不是件容易的事，必然是有门槛的，但其法门不过就是“输出、价值和反馈”，即**我们要想有影响力，就一定要有输出，因为有输出才能被别人看见；然后还要让输出有价值，因为价值足够大，才能被别人强烈需要；而在输出和价值双重标准的驱动下，我们就必然能获取反馈，并借助反馈持续迭代，最终创造出独一无二且对自**

己和他人有长期价值的原创作品。

我们创造了作品，作品也会反过来成就我们。就像好的养育必然会让我们自身持续成长，变成一个更成熟的人，同时也会促使我们保持更多的耐心去等待一样，孩子的成长需要一个过程，创造作品也是如此。

如果你觉得生活没目标、无动力、很迷茫，那就尝试去创造点什么吧。如果你觉得生活中的一切都挺好，但心中就是感觉少了点什么，那肯定是缺少了“创造”这抹味道。现在你已经知道，顶级的生活其实离自己并不遥远。

过顶级的生活

我无法告诉每个人应该具体创造什么，但有这些原则和路径就足够了。只要我们能充分结合实际，持续行动和实践，就一定能找到自己的创造目标。

当然，并不是只有做设计类的工作才算创造，也不是非得像明星那样耀眼才叫有影响力。对我们这些个体来说，只要每次突破一点点，就是一种创造；只要自己创造的东西能让周围的一小部分人受益，就是一种有意义的创造。即使我们没有超越先贤与偶像，即使我们做出来的东西已有先例，也都没关系，因为“独一无二”和“对他人有用”是一个相对的范围和过程，只要我们做到当前能力范围内最好的输出并创造价值，就是最快的成长。而最终能成长到什么样，取决于行动能否持续聚焦、价值能否持续积累，以及环境和机遇等各项因素。

无论如何，只要我们把生命投入创造层，就必定能体会到那种利他的乐趣，不管这个创造多么微小，它都会让你的生活变得不同。

这也是我提倡大家过一流的生活[①]，更鼓励大家过顶级生活的原因。**因为一流的生活是觉知，是内修，它可以让我们自身变得更好；而顶级的生活是创造，是外修，它可以让别人过得更好。而生命的意义在于利他，因为只有从他人的正面反馈中，我们才能照见自己。**

顶级的生活和物质无关。即使我们身居陋室，坐在并不明亮的灯光下，但只要醉心于创造并打磨自己手中的那个小作品，我们就已经过上了顶级的生活。而一个没有作品、从不创造的人，即使名车豪宅傍身、圈内精英云集，白天打飞的，晚上干马天尼，也只是一个空虚的消费者。反过来说，顶级的生活也和物质有关，因为精神世界的顶级生活必然会把我们导向物质世界的顶级生活，我坚信只要保持足够的耐心，就必然能够见证这个过程。

这个世界从不亏待那些愿意持续创造的人！

① 请参考《认知觉醒》的结语“一流的生活不是富有，而是觉知”。

后记

你的一生至少要主动做成一件对他人很有用的事

你肯定问过自己这个“人生终极问题”：人活着的意义到底是什么？

很多人为了寻找这个意义放弃了生活，一些人甚至为此放弃了生命，认为过没有意义的生活就像行尸走肉。我以前也对这个问题非常困惑，不知道人活在世上到底为了什么，所以浑浑噩噩地度过了很长时间。不过现在，我一点也不纠结了，因为我找到了答案，那就是：努力成为一个对他人很有用、被他人强烈需要的人！

人，说到底还是社会动物。我们的人生幸福感需要从他人的肯定与反馈中获得，所以我们需要努力成为一个有价值的人。换句话说，我们立足于世，就需要在某一方面拥有独特的、不可代替的价值优势。需要我们的人越多，我们的幸福感就越强，我们会乐此不疲地踏上人生旅途，根本没有时间去想“人活着的意义到底是什么”这样的问题。只有当自己毫无价值、被人忽视的时候，我们才会纠结于此。而这本书正是为了解决这个人生困惑，希望帮你从根源上看清这个问题，并通过一系列原则和路径带你走向人生的幸福。

如果你一时还不确定这个答案是否正确，那就先假设它是对的，暂时接受这个答案，让自己行动起来。只要你主动做成一件对他人很有用的事、成为一个更有价值的人，你就能揭开这个问题的谜底。而在此之前，不要犹豫、不要迷茫，坚定地行动就好。

无论如何，你手中现在有《认知觉醒》和《认知驱动》这两本方法论手册，其中的 49 个概念[①]都是你行动的巨大支撑。这些概念就像 49 颗棋子，单拿出来看，似乎每个都是孤立的，但只要用心关联，它们就能变化出各种“棋局”，帮你应对生活中的各种局面。所以请你在阅读时不要用孤立的眼光去看待每个概念，在实践中多思考、多关联，你一定会发现更多惊喜。

当然，书中的基础知识和概念都非我自己原创，毕竟太阳底下没有新鲜事，我只是在科学的基础上对它们进行充分的学习、理解、实践、关联及个性化的输出。即便如此，我认为这也是创新，也是有价值的，因为创新并不完全指创造全新的东西，也包括通过独特的视角把大家习以为常的东西进行意想不到的关联与组合，并用个性化的方式表达出来。从众多读者的

① 《认知觉醒》介绍了 27 个概念，本书介绍了 22 个，合计 49 个。——编者注

反馈中，我确定这些文字是有价值的，它能给很多人信心、勇气、方向和力量，帮助大家走出混沌，投身于创造。

读这本书，你可能会隐约感到一些压力，因为我似乎一直在强调“大家一定要变得优秀、要有所成就，否则我们的人生就是‘灰暗’的”。正如“东方同学”在豆瓣上留言的问题：“现代社会似乎以一种鄙视的眼光来对待‘普通’这个词，似乎一个人如果不变得更优秀就是在虚度生命。可真的是这样吗？我们生活的根本目标到底是幸福还是要变‘优秀’？普通就真的意味着不幸福吗？”

对此，我想特别说明，本书无意制造这种焦虑，我对“普通”也毫不排斥，因为我自己就是一个普通人，只是有一些情况需要我们区别对待：如果我们的普通是因为混沌、懒惰或从来没有努力，那这种普通是不可取的；如果努力了但并没有达到理想中的结果，那即便普通，我们也会欣然接受；如果一个人努力了，有了成果，还愿意回归普通，那他一定更幸福，因为他有了更多的人生选择权。

另外，在本书中我也更多地用了自己的经历和案例，如此表述不是因为我心态膨胀，想显摆自己多厉害，而是想用自己的实践去验证这些原则和方法的正确性。从总体上说，我更认为自己是一个实践者，而非作者，所以这本书也是一本实践之书。如果你在阅读过程中感到我有类似“自我膨胀”的表现，还请谅解，我并无此意，我只是希望通过自己的真实经历帮助大家理解，以便更好地做成一件事。

当然，真正做成一件事并取得大众眼里的成功终究是小概率事件，因为这需要合适的环境、机遇和运气。从大范围看，个人努力固然重要，但大环境、大趋势更重要；从小范围看，我们仍然要强调个人努力，因为价值会吸引好运。只有我们准备好了，那些意想不到的好运才会出现在我们面前。

总之，用心实践这些原则和方法是可取的，即使最终我们与"大成功"无缘，只创造了小价值、影响了小部分人，也是值得努力去做的，因为那必然是我们这辈子能创造出的最好的人生轨迹。

所以，无论结果如何，我都想对你和我自己说一句："你的一生，至少要主动做成一件对他人很有用的事，无论多晚都可以！"

参考文献

（按首次引用顺序排列）

[1] 稻盛和夫．活法 [M]. 曹岫云，译．北京：东方出版社，2019.

[2] 岸见一郎，古贺史健．被讨厌的勇气 [M]. 渠海霞，译．北京：机械工业出版社，2015.

[3] 稻盛和夫．心 [M]. 曹寓刚，曹岫云，译．北京：人民邮电出版社，2020.

[4] 小马宋．朋友圈的尖子生 [M]. 重庆：重庆出版社，2017.

[5] 师北宸．让写作成为自我精进的武器 [M]. 北京：中信出版社，2019.

[6] 多丽丝·迈尔亭．内向者的天赋 [M]. 孙瑜，译．北京：机械工业出版社，2018.

[7] 杰里米·拉萨路．NLP 思维 [M]. 陶尚云，译．北京：台海出版社，2018.

[8] 剽悍一只猫．一年顶十年 [M]. 北京：北京联合出版公司，2020.

[9] 詹姆斯·克利尔. 掌控习惯 [M]. 迩东晨，译. 北京：北京联合出版公司，2019.

[10] 亚历克斯·佩塔克斯，伊莱恩·丹顿. 思维的囚徒 [M]. 赵晓瑞，译. 北京：中信出版社，2019.

[11] 卡尔·纽波特. 深度工作 [M]. 宋伟，译. 南昌：江西人民出版社，2017.

[12] 维克多·弗兰克尔. 活出生命的意义 [M]. 吕娜，译. 北京：华夏出版社，2010.

[13] 罗伯特·清崎. 富爸爸穷爸爸 [M]. 萧明，译. 成都：四川人民出版社，2017.

[14] 西恩·贝洛克. 具身认知 [M]. 李盼，译. 北京：机械工业出版社，2016.

[15] 埃伦·兰格. 专念创造力 [M]. 黄珏苹，译. 杭州：浙江人民出版社，2012.

[16] 大卫·R. 霍金斯. 意念力 [M]. 李楠，译. 北京：光明日报出版社，2014.

[17] 乔纳森·海特. 象与骑象人 [M]. 李静瑶，译. 杭州：浙江人民出版社，2012.

[18] 奥伦·克拉夫. 重新定义推销 [M]. 李卉，张魏，译. 北京：人民邮电出版社，2016.

[19] 卫蓝. 暗理性 [M]. 杭州：浙江人民出版社，2019.

[20] 卡洛琳·亚当斯·米勒. 坚毅 [M]. 王正林，译. 北京：机械工业出版社，2019.

[21] 博多・舍费尔 . 小狗钱钱 [M]. 王钟欣，余茜，译 . 成都：四川少年儿童出版社，2014.

[22] 约翰・瑞迪，埃里克・哈格曼 . 运动改造大脑 [M]. 浦溶，译 . 杭州：浙江人民出版社，2013.

[23] 安德斯・艾利克森，罗伯特・普尔 . 刻意练习 [M]. 王正林，译 . 北京：机械工业出版社，2016.

[24] 万维钢 . 学习究竟是什么 [M]. 北京：新星出版社，2020.

[25] 亚伦・卡尔 . 这书能让你戒烟 [M]. 严冬冬，译 . 北京：北京联合出版公司，2018.

[26] 乌尔里希・伯泽尔 . 有效学习 [M]. 张海龙，译 . 北京：中信出版社，2018.

[27] 史蒂芬・柯维 . 高效能人士的七个习惯 [M]. 高新勇，王亦兵，葛雪蕾，译 . 北京：中国青年出版社，2018.

[28] 罗伯特・B. 西奥迪尼 . 影响力 [M]. 闾佳，译 . 北京：北京联合出版公司，2016.

[29] 理查德・鲁梅尔特 . 好战略，坏战略 [M]. 蒋宗强，译 . 北京：中信出版社，2017.

[30] 吕克・德・布拉班迪尔，艾伦・因 . 打破思维里的框 [M]. 林琳，译 . 北京：机械工业出版社，2015.

[31] 成甲 . 好好学习 [M]. 北京：中信出版社，2017.

[32] 周岭 . 认知觉醒 [M]. 北京：人民邮电出版社，2020.

[33] 罗尔夫・多贝里 . 清醒思考的策略 [M]. 杨耘硕，译 . 北京：中信出版社，2019.

[34] 叔本华 . 人生的智慧 [M]. 韦启昌，译 . 上海：上海人民出版社，2014.

[35] 张同完 . 我在 100 天内自学英文翻转人生 [M]. 关亭薇，译 . 北京：北京日报出版社，2019.

[36] 杨建邺 . 费曼传 [M]. 北京：金城出版社，2013.

[37] 李笑来 . 财富自由之路 [M]. 北京：电子工业出版社，2017.

[38] 格雷戈里・希科克 . 神秘的镜像神经元 [M]. 李婷燕，译 . 杭州：浙江人民出版社，2016.

[39] 刘未鹏 . 暗时间 [M]. 北京：电子工业出版社，2011.

[40] 海蒂・格兰特・霍尔沃森 . 成功，动机与目标 [M]. 汤珑，译 . 南京：译林出版社，2013.

[41] 吉姆・柯明斯 . 蜥蜴脑法则 [M]. 刘海静，译 . 北京：九州出版社，2016.

[42] 罗尔夫・多贝里 . 明智行动的艺术 [M]. 刘菲菲，译 . 北京：中信出版社，2016.

[43] 斯科特・扬 . 如何高效学习 [M]. 程冕，译 . 北京：机械工业出版社，2013.

[44] 采铜 . 精进 2 [M]. 南京：江苏凤凰文艺出版社，2019.

[45] Scalers. 刻意学习 [M]. 北京：北京联合出版公司，2017.

[46] 加里・凯勒，杰伊・帕帕森 . 最重要的事，只有一件 [M]. 张宝文，译 . 北京：中信出版社，2015.

[47] 吴军 . 见识 [M]. 北京：中信出版社，2018.